図解入門
How-nual
Visual Guide Book

よくわかる最新

サイバーセキュリティ対策の基本

セキュリティ担当者＆経営者のための基礎知識

福田 敏博 著

秀和システム

はじめに

サイバーセキュリティの基礎的な知識を得るために、Webのコンテンツや書籍等を探すと膨大な量の情報が見つかります。「いったい、どこから手をつけたらいいのか？」と当惑する方も多いのではないでしょうか。

そこで改めて「まずはこの一冊から」となるような本を執筆いたしました。

多くの人がパソコンやスマートフォンを使って、日常的にインターネットにつながる時代です。サイバーセキュリティが、私たちのビジネスや生活の身近な脅威になることを、

・ビジネススキルとしてサイバーセキュリティを学ぶ若手社員
・セキュリティは苦手だと感じているシステム担当者
・他人事のようにセキュリティを部下任せにしていた管理者層
・サイバーセキュリティのリスクは経営課題だと感じている経営陣
・わかりやすくサイバー攻撃の内容を把握したいシニア世代

といった多くの方々に知っていただきたいからです。

サイバーセキュリティというと「ハッカーによる不正侵入」「ランサムウェアへの感染」「個人情報の漏えい」などの事件・事故ばかりに注目が集まります。しかしながら、サイバーセキュリティのリスクは、インターネットとコンピューター・ネットワークの技術を中心にしながら、内部不正や不注意などによる人的な要因、建物や設置場所等の物理的な環境にまで、幅広く関係するのです。

本書では、サイバーセキュリティの基本はもちろんですが、サイバーセキュリティを考える上での本質的な問題についても取りあげます。デジタル化による環境変化でセキュリティリスクが社会的課題になること、そして、世の中でサイバー攻撃の被害が増加する中、セキュリティ対策が進まないのはなぜなのか？

これらの要因を紐解くとともに、総合リスクとしてサイバーセキュリティを捉えることの重要性について触れたいと考えます。本書を読むことで、サイバーセキュリティの基本と、その本質を理解していただけると幸いです。

2023年2月吉日
福田 敏博

図解入門 よくわかる最新サイバーセキュリティ対策の基本

CONTENTS

第3章 サイバー攻撃の仕組みとその対策

第4章 セキュリティ担当者に求められるリスク対策

第5章 サイバーセキュリティ対策の進め方

第1章

サイバーセキュリティ対策の基礎知識

毎日のように目にする「サイバーセキュリティ」という用語。なんとなくイメージはつくと思いますが、はたしてどういったセキュリティが対象になるのでしょうか。第１章では、その基本的な内容を説明します。

1-1

サイバーセキュリティとは

サイバーセキュリティは、サイバー空間のセキュリティリスクから守るだけでなく、関連するリスクを広く対象に考える必要があります。サイバーセキュリティは、総合的なセキュリティリスクへの対処だといえるのです。

サイバーセキュリティの定義

サイバーセキュリティという用語を、いろんなメディアで毎日のように目にします。その意味するところは、皆さんもイメージがつくのではないでしょうか。ただ、あらためて「その定義は？」と聞かれて答えに困りませんか。

セキュリティといっても、コンピュータセキュリティやネットワークセキュリティ、情報セキュリティなどいろいろです。また、一般家庭を守るホームセキュリティや、企業などを守る警備や保安もセキュリティと呼んだりします。

そして、**サイバー**とは、一般的にサイバー空間*のように、コンピュータやネットワーク上に構築された仮想的な環境を示します。サイバーセキュリティとは、サイバー空間におけるセキュリティと定義されることが多いのです。

また、近年ではデジタルトランスフォーメーション（DX）*の推進などにより、デジタル社会に対するリスクを広くサイバーセキュリティと呼ぶこともあります。

リスクの対象

サイバーセキュリティや物理セキュリティをそれぞれ別に考え、個々に対処することはナンセンスです。**サイバー攻撃**の初期段階では、建物などへの物理的な侵入が行われることがあります。**セキュリティリスク**は、物理的・技術的・人的な面など、組み合わせで考える必要があるのです。

DXが唱えるサイバー空間とフィジカル空間*の高度な融合を考えると、サイバーセキュリティは、総合的なセキュリティリスクへの対処だといえます。サイバー空間のセキュリティリスクを中心にしながらも、それ以外に関連するリスクを含めて考えることが重要です。

---

* **サイバー空間**　コンピュータやネットワークによって構築された仮想的な空間。
* **デジタルトランスフォーメーション（DX）**　企業がデータとデジタル技術を活用して、製品やサービスなどを変革するとともに、企業文化も変革し、市場での優位性を確立すること。DXは、Digital Transformationの略。

総合的なセキュリティリスクへの対処

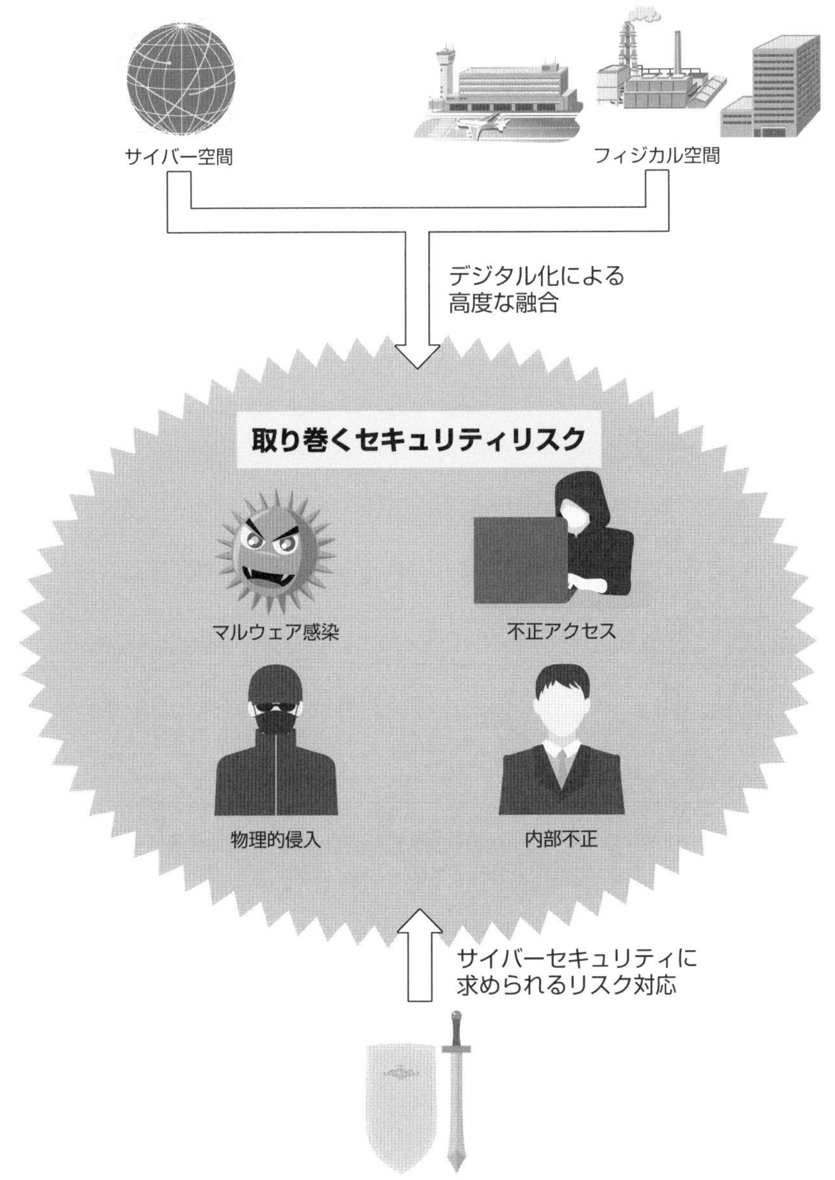

＊**フィジカル空間**　「サイバー空間」と対になる用語で、物理的な空間である「現実世界」の意。

1-2 今までのセキュリティとの違い

サイバーセキュリティを取り巻く環境変化は、急激です。サイバー攻撃の手口は、より高度で巧妙になっています。従来のセキュリティ対策で守るのが難しくなるため、リスクの変化にいち早く対応することが重要です。

取り巻く環境変化

増加するコンピュータ・ネットワークの**セキュリティリスク**は、パソコンとインターネットの普及に深く関係しています。

近年では、インターネットを経由してコンピュータ資源を提供するクラウドサービスや、従来インターネットに接続されていなかった様々なモノ（センサー機器、住宅・建物、車、家電製品、電子機器など）が、ネットワークを通じて相互に情報交換をするIoT*の増加が顕著です。

そして、新型コロナウイルスの感染症対策を契機としたテレワークの拡大などにより、取り巻く環境は大きく変わってきています。

今後、デジタル化する社会では、従来からあるセキュリティリスクが高まるだけでなく、今まで想定していない新たなリスクが増えるのは間違いありません。

変わる攻撃の手口

こうした中、サイバー攻撃の手法も大きく変わってきています。従来は、不特定多数を狙って騒ぎを大きくする愉快犯のような攻撃が主流でしたが、近年ではAPT攻撃*と呼ばれる高度な**標的型のサイバー攻撃**が増えています。特定の個人や組織をターゲットに、準備周到に巧妙な手口を使って攻めてくるのです。予防的な対策だけでは防げないことを前提に、攻撃の検知と被害の復旧を迅速化する事後的な対策が重要になっています。

サイバーセキュリティは、従来のセキュリティ対策とは違って、急激に変化するセキュリティの脅威や脆弱（ぜいじゃく）性への迅速な対応が必要です。「これで対策は十分……」なんて、決して安心できないのです。

---

* **IoT**　Internet of Things（インターネットオブシングス）の略。「モノのインターネット」と訳される。

* **APT攻撃**　APTは、Advanced Persistent Threatの略で、「発展した（＝Advanced）持続的な（＝Persistent）脅威（＝Threat）」の意。「ターゲット型攻撃」とも呼ばれる。

取り巻く環境変化にいち早く対応

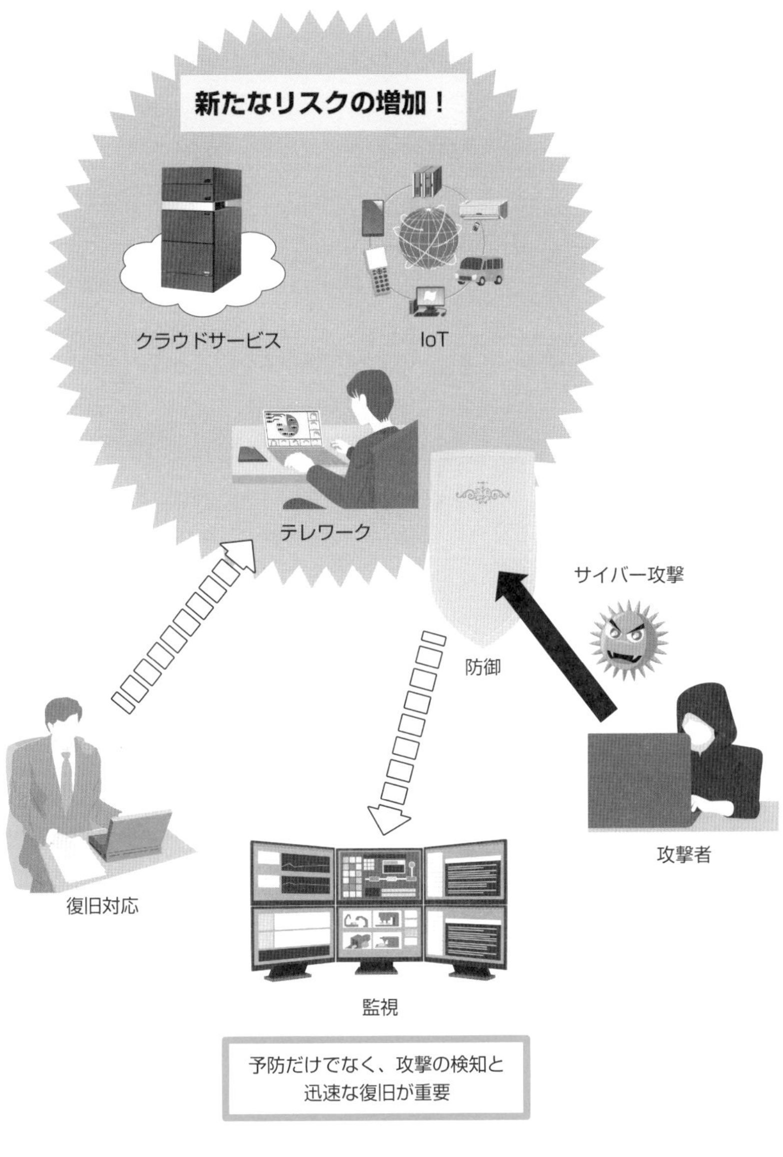

1-3 情報セキュリティとの違い

情報セキュリティとは、セキュリティリスクから情報資産を守ること。サイバーセキュリティは、情報資産をサイバー攻撃の脅威から守るといった点では、情報セキュリティに包含されるとも考えられます。

情報セキュリティとは

情報セキュリティは、一般的に情報資産をセキュリティリスクから守ることです。情報資産には、コンピュータ・ネットワークに関わるハードウェアやソフトウェア、データファイルやデータベースなどのデータ類、紙資料のドキュメントなどが広く含まれます。

これら情報資産の機密性*、完全性、および可用性*を維持するために、リスクを適切にコントロールすることが、**情報セキュリティ管理**（情報セキュリティマネジメント）だといえます。

情報セキュリティ管理では、ISO/IEC* 27001の規格番号で示されるISMS*が著名です。ISMSは、組織における情報セキュリティ管理の仕組みづくりに関して、セキュリティの要求事項を規定した国際標準規格です。

サイバーセキュリティとの違いは

それでは、情報セキュリティとサイバーセキュリティの違いとは何でしょう？これは、答えるのがとても難しいです。サイバーセキュリティが情報セキュリティに包含されるように、情報セキュリティがより広い概念だとの解釈もあります。

セキュリティの脅威となるサイバー攻撃から情報資産を守るという点では、狭義のサイバーセキュリティとして情報セキュリティに含まれるのかもしれません。ただ、セキュリティリスクを考える上で、明確な分類にあまり意味はないと思われます。

こうしたことから本書では、「狭義のサイバーセキュリティは、情報セキュリティに含まれることがある」といった考えに留めておきます。

＊**機密性**　許可された人だけが情報にアクセスできるようにすること。
＊**可用性**　システムが障害などで停止せずに、継続して稼働できる能力のこと。

情報セキュリティと狭義のサイバーセキュリティ

情報セキュリティ
サイバーセキュリティに関係するリスク
こっそり侵入し、ゴミ箱から取引先の資料を入手
サイバーセキュリティに直接関係しないリスク
256GB
（単に）USB メモリを紛失
狭義のサイバーセキュリティ
未知のランサムウェアに感染
取引先と偽って標的型メールを送る
うっかり添付ファイルをクリック
バックドアが開通

＊ **ISO/IEC**　ISO は、International Organization for Standardization の略で「国際標準化機構」。IEC は、International Electrotechnical Commission の略で「国際電気標準会議」。5-19 節「国際標準の活用」を参照。

＊ **ISMS**　情報セキュリティマネジメントシステム。Information Security Management System の略。5-19 節「国際標準の活用」を参照。

1-4

IoTセキュリティ

IoTの活用は、社会経済に大きなメリットをもたらします。ただ、セキュリティリスクが顕在化すると、その影響は計り知れません。IoTの利活用と同時にセキュリティ対策への考慮が必要です。

IoTとは

IoTは、Internet of Thingsの略語です。日本語では「モノのインターネット」と呼ばれています。たとえば、各種センサーやアクチェーター*などのデバイス*機器が直接インターネットへ接続され、相互に情報交換する仕組みのことです。身近なものだと、冷蔵庫やテレビなどの家電製品やスマートフォン、自動車に搭載されるカーナビなども、広くIoTに含む場合があります。

IoTの特徴は、今までのネットワーク機器と比べて、つながるデバイスの数が圧倒的に多い点です。新たな電子デバイスが登場するごとに、IoTの仲間はどんどん増えてきます。私たちが特に意識することなく、身の回りの機器がネット経由で情報をやり取りするのです。

セキュリティへの懸念

IoTの活用は、革新的なビジネスモデルの創出など、社会経済に大きなメリットをもたらします。その反面、IoTのセキュリティリスクが顕在化すると、被害の影響が非常に大きくなります。

IoTデバイスの性能やリソースが限られることから、IoTでは対策ソフトウェアなどを動かせないことがあります。パソコンのようなモニター画面のないデバイスでは、問題などの発生がとてもわかりづらいです。

表面的なIoTのメリットばかりが注目されますが、社会経済の持続的な成長を目指すには、トレードオフとなるセキュリティリスクへの対処は欠かせません。IoTによる「攻め」とセキュリティ対策による「守り」は、車の両輪のごとく進める必要があるのです。

＊**アクチェーター**　動力と機構を組み合わせ、機械的な動作を行う装置。たとえば、モーターなど。
＊**デバイス**　情報端末や周辺機器のこと。たとえば、スマホやパソコンなど。

IoTセキュリティの特徴

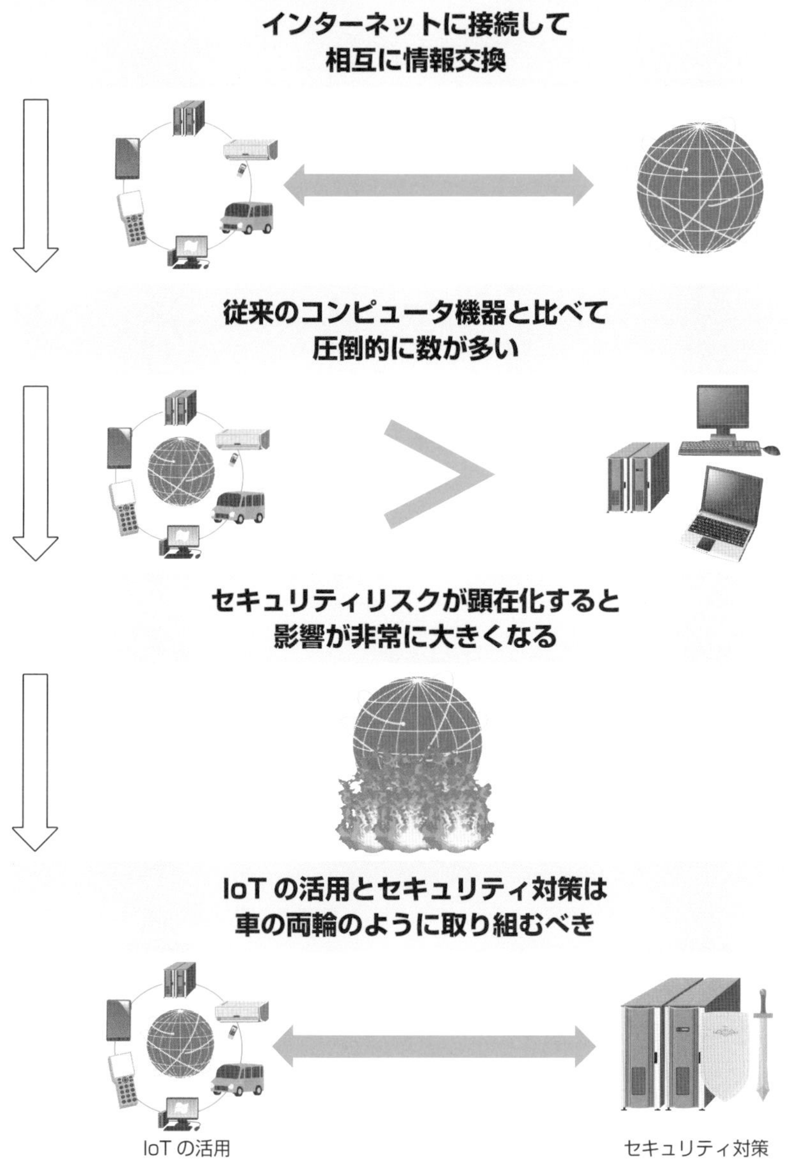
インターネットに接続して
相互に情報交換
従来のコンピュータ機器と比べて
圧倒的に数が多い
セキュリティリスクが顕在化すると
影響が非常に大きくなる
IoTの活用とセキュリティ対策は
車の両輪のように取り組むべき
IoTの活用
セキュリティ対策

1-5

OTセキュリティ

産業活動に欠かせないOTですが、ITと比べてセキュリティ対策が遅れがちです。サイバー攻撃の影響でOTの機械設備が止まれば、社会経済に大きなインパクトを与えます。

OTとは

OTは、Operational（オペレーション） Technology（テクノロジー）の略語です。そのまま日本語にすると**運用技術**となります。システムなどの運用に関わる技術のように思えますが、実際には、工場やプラント*などの機械設備や生産工程を監視・制御するための、ハードウェアとソフトウェアに関する技術のことです。ここ近年、一般的な情報システムを示す**IT***と、区別するように用語が使われています。

古くは機械設備の導入に合わせて、メーカー独自のコンピュータ機器やソフトウェアを用い、クローズドなネットワークでOTのシステム環境を構築していました。しかし、現在ではWindowsをOSとするパソコンやサーバーが用いられ、TCP/IP*によるオープンなネットワークへと変わっているのです。

OTは、自動車を代表とする組立工場や石油・化学プラントはもちろんのこと、鉄道などの重要インフラ*や商業施設など、産業活動に広く用いられています。

セキュリティ対策の遅れ

オープン化が進み、ITと同様のセキュリティの脅威に晒されているOTですが、セキュリティ対策が手つかずといった状況が見られます。機械設備と一体になって長期間利用されることから、ITとは別物のように（セキュリティとは無縁に）見られることあるからです。

制御のリアルタイム性や可用性を重視するために、**マルウェア***対策ソフトの導入やセキュリティパッチ*の適用が難しいなど、OT固有の事情があるのも確かです。しかしながら、ITのセキュリティをいくら強化したところで、OTのセキュリティに大きな穴が開いていれば、産業全体としてのセキュリティは保てません。

---

* **プラント**　大規模かつ多種多様な設備で構成された生産施設。工場は、比較的少ない設備で運用されることが多い。
* **IT**　Information Technologyの略。**情報技術**と訳される。
* **TCP/IP**　現在のコンピュータネットワークにおいて最も利用されている通信に関する規格。Transmission Control Protocol/Internet Protocolの略。

OTのシステム環境がターゲットに

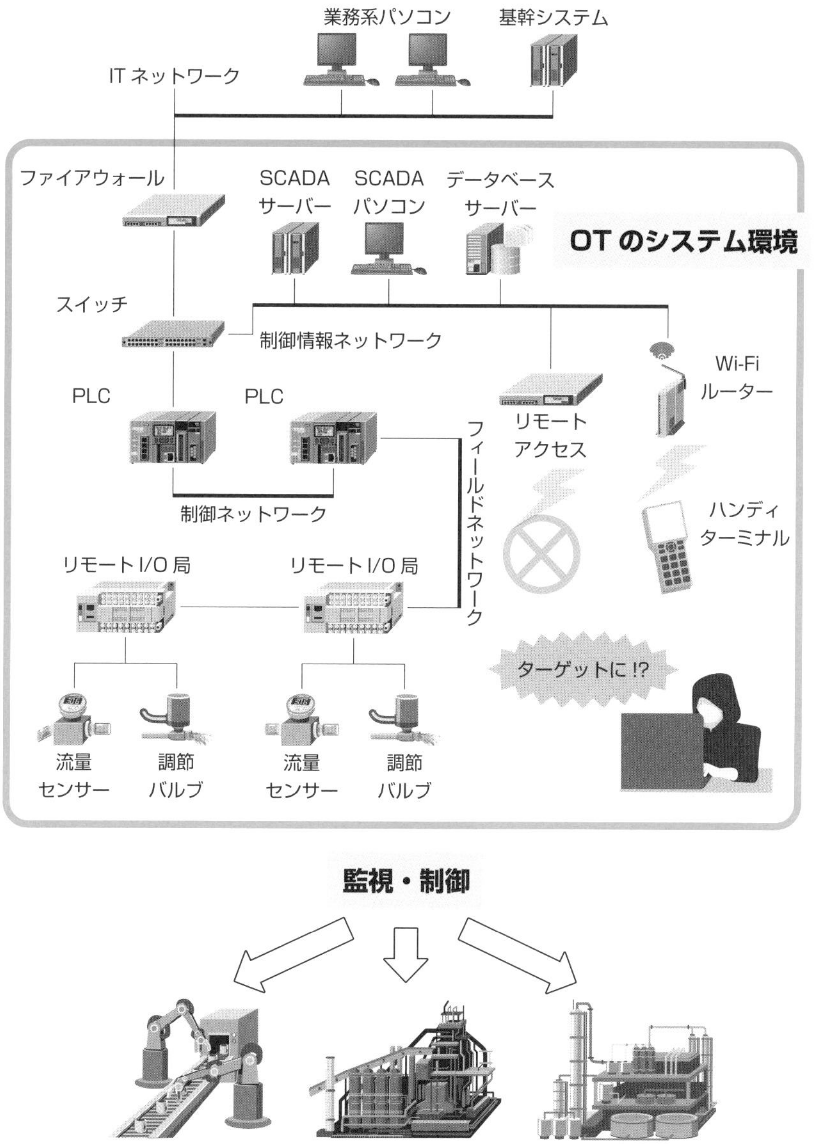

---

* **インフラ**　日々の生活に必要不可欠な施設やサービス、システム、制度、仕組みなどのこと。
* **マルウェア**　ユーザーが使用するデバイスやサービスなどに不利益をもたらす意図で作成された、悪意のあるソフトウェアやプログラムの総称。
* **セキュリティパッチ**　OS やソフトウェアなどの不具合や脆弱性を解消するための追加プログラム。

1-6

サイバーセキュリティの対象

サイバーセキュリティの対象として、技術的な脅威や脆弱性ばかりに焦点が当たります。ただし、セキュリティ対策としては、関連するリスクを網羅的に考慮する必要があります。

サイバー攻撃のステップ

サイバーセキュリティは物理的・技術的・人的な面など、様々なリスクの組み合わせで考える必要があると、すでに説明しました。関連するリスクは幅広いわけです。

たとえば、標的型メールに添付したファイルをクリックさせ、OSの脆弱性を突いてマルウェアへの感染を起こすとします。ただ、その攻撃に関わるステップは長く複雑なことが多いのです。

最初は、清掃業者のアルバイトになりすまし、早朝のオフィスに入って書類を漁ります。そこから取引先とのビジネス上のやり取りを把握。対象者を絞り込み、巧みな内容の標的型メールを送ります。「先日のお見積りに関する追加資料の送付について……」などのタイトルです。添付ファイルの中には、ソフトウェアの脆弱性を悪用するコードが含まれ、ファイルをクリックすることで外部の指令サーバーに接続。バックドア*が開通し、マルウェアのダウンロードと社内への感染拡大を引き起こします。

本書で対象とする範囲

このように関連するリスクは様々ですが、サイバーセキュリティの脅威と脆弱性で焦点が当たるのは、技術的な部分が中心です。ソフトウェアの脆弱性を悪用したり、バックドアを開通して不正アクセスしたり、マルウェアへの感染を引き起こしたりといったことです。

しかしながら、セキュリティ対策としては、関連するリスクを網羅(もうら)的に考慮する必要があるため、本書ではそれ以外についても触れていきます。サイバーセキュリティは、総合的なセキュリティリスクへの対処なのです。

＊**バックドア**　セキュリティをかいくぐり、正しい手続きを踏まずにシステム内部に不正侵入するための入口（裏口）のこと。

セキュリティの脅威と脆弱性

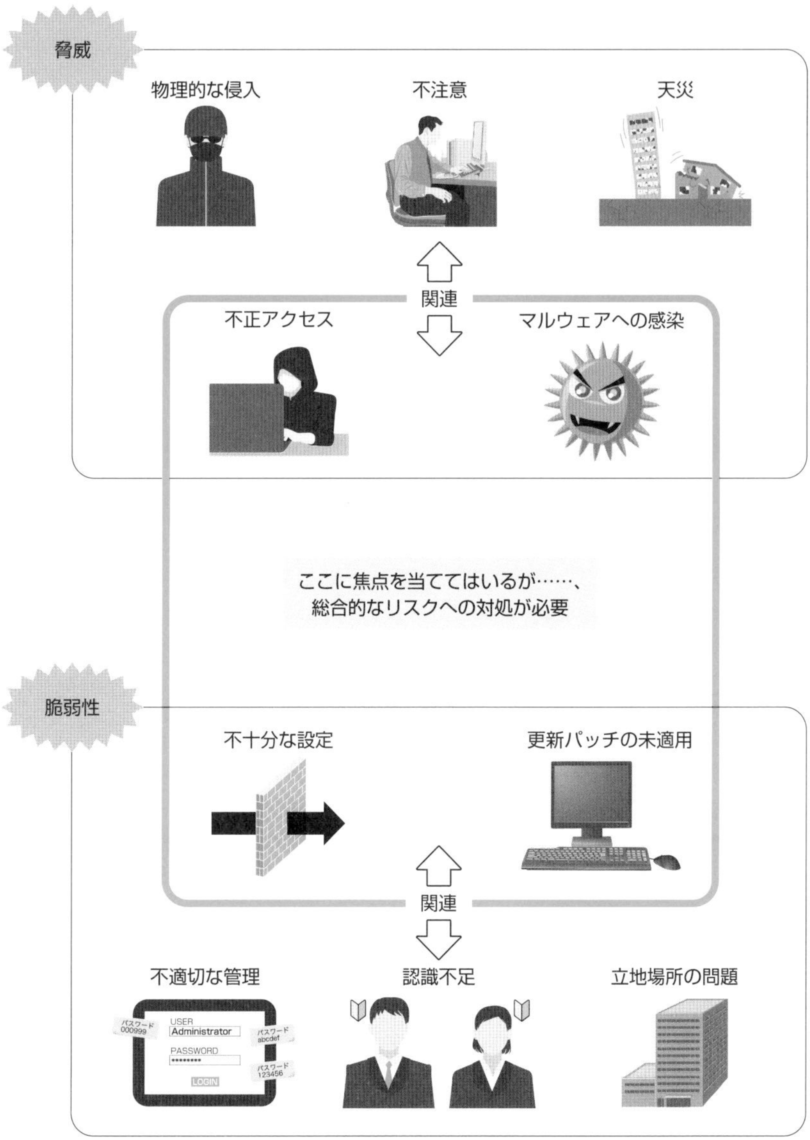
脅威
物理的な侵入
不注意
天災
関連
不正アクセス
マルウェアへの感染
ここに焦点を当ててはいるが……、
総合的なリスクへの対処が必要
脆弱性
不十分な設定
更新パッチの未適用
関連
不適切な管理
USER
Administrator
PASSWORD
LOGIN
パスワード
000999
パスワード
abcdef
パスワード
123456
認識不足
立地場所の問題

1-7

リスクが高まる技術的理由

ソフトウェアによる技術革新は、従来のハードウェアでは実現できなかったことを可能にします。しかしながら、ソフトウェアが高度に複雑化することで、リスクとなる脆弱性が増加しています。

ソフトウェア化する時代背景

私たちを取り巻く電子機器は、ハードウェアから**ソフトウェア**への比重が高くなっています。たとえば、サーバーなどのコンピュータ機器を見ても、1台の物理的なハードウェア上に、仮想化技術で複数の論理的なコンピュータを実装できます。これを実現しているのは、ソフトウェアです。

従来のハードウェアを用いた機能が、どんどんソフトウェアへシフトしています。ハードウェアの物理的な制約などによる課題をソフトウェアで解決するのです。ソフトウェアが担う機能は、より高度に複雑化していきます。

これに伴い、**脆弱性***も増えていくわけです。事前にあらゆるケースを想定し、ソフトウェアをテストすることが難しくなります。

実際に利用されてから発覚する問題も少なくないため、リリース後にソフトウェアをアップデートする仕組みが欠かせません。

一筋縄ではいかない脆弱性への対応

ハードウェアに比べて、ソフトウェアは修正などが容易であり、セキュリティパッチなどの更新プログラムを用いてアップデートが可能です。ただし、パッチの適用が行われていなかったり、脆弱性増加にパッチの提供が追いつかなかったり、パッチが提供される前に脆弱性が悪用されたり、そう簡単ではないのが現状です。

特に近年、オープンソースソフトウェア*と呼ばれるプログラムのソースコード（プログラムの設計図）を活用することが増えています。ソースコードを広く公開することで、脆弱性が見つかりやすいといった反面、悪意を持つものが先に脆弱性を見つける可能性もあるのです。

***脆弱性**　具体的には、ソフトウェアの不具合などによるセキュリティ上の欠陥などが挙げられる。
***オープンソースソフトウェア**　誰でも自由に使用できるように公開されているソフトウェア。プログラムの変更や配布もできる。

ソフトウェア化による脆弱性の増加

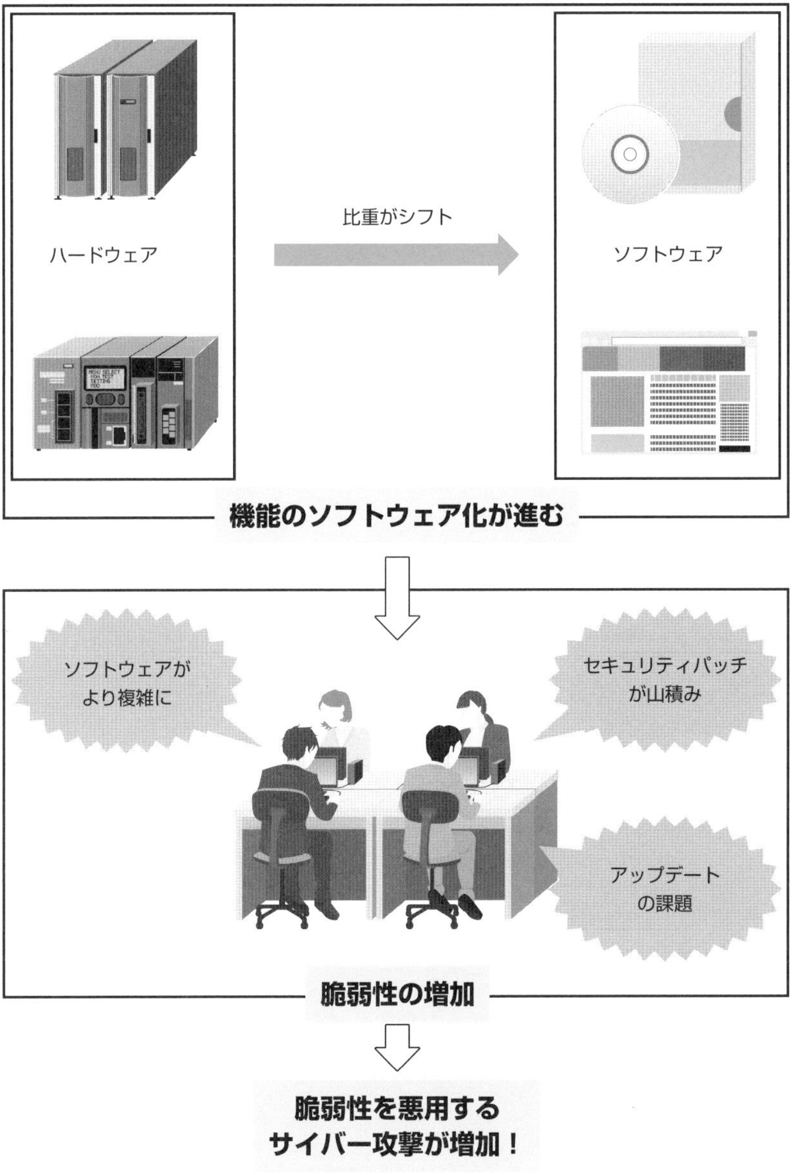
比重がシフト
ハードウェア
ソフトウェア
機能のソフトウェア化が進む
ソフトウェアがより複雑に
セキュリティパッチが山積み
アップデートの課題
脆弱性の増加
脆弱性を悪用するサイバー攻撃が増加！

1-8

デジタル化の功罪

デジタル化の推進は、ビジネスの競争力向上に不可欠です。ただし、新しい技術ばかりに目が移り、本来の目的を見失うこともあります。デジタル技術の導入という手段が目的化すると、思わぬセキュリティリスクにつながるのです。

デジタル化とは

デジタル化とは、何でしょうか？　コンピュータ化やIT化、システム化との違いは？　一般的に広く用いられる用語なので、明確に答えるのが難しいです。また、デジタル化と言っても、いくつかの段階があります。

まずは、**デジタイゼーション**。たとえば、現状の紙資料を（単に）電子化することで業務効率を高めます。続いてが**デジタライゼーション**。個別の業務を電子化して仕事のやり方を改革します。新たな業務プロセスへと大きく変えていくイメージです。

そして、次の段階が**デジタルトランスフォーメーション（DX）**。個別の業務だけでなく、組織全体のビジネスモデルを変革します。フィジカルな業務とデジタルの技術を高度に融合し、経営レベルでビジネスの付加価値を高めるのです。

手段の目的化によるリスクの増加

もちろんデジタル化には、コンピュータ・ネットワークによるデジタル技術が欠かせません。ただ、どうしてもデジタル技術ばかりが注目されてしまいます。たとえば、「IoTからビッグデータ*を蓄積して、AI*により解析する」のが目的のように、手段の達成を重視するのです。あくまでもデジタル技術は手段であり、本来の目的はビジネスモデルを変えて付加価値向上を目指すことです。

このように目的と手段の逆転（**手段の目的化**）が始まると、ものごとは良からぬ方向へと向かいます。必要性の低い機器のネットワーク接続や、シャドーIT*と呼ばれる管理されていないデバイスなどの増加も考えられます。その結果、思わぬところで大きなセキュリティリスクを抱えるのです。

---

* **ビッグデータ**　様々な種類や形式のデータを含む巨大なデータ群のこと。
* **AI**　人工知能。AIは、Artificial Intelligenceの略。
* **シャドーIT**　情報システム部門などが把握できていない、ユーザーが独自に導入したデバイスや外部サービスなどのこと。

手段の目的化でリスクが増大

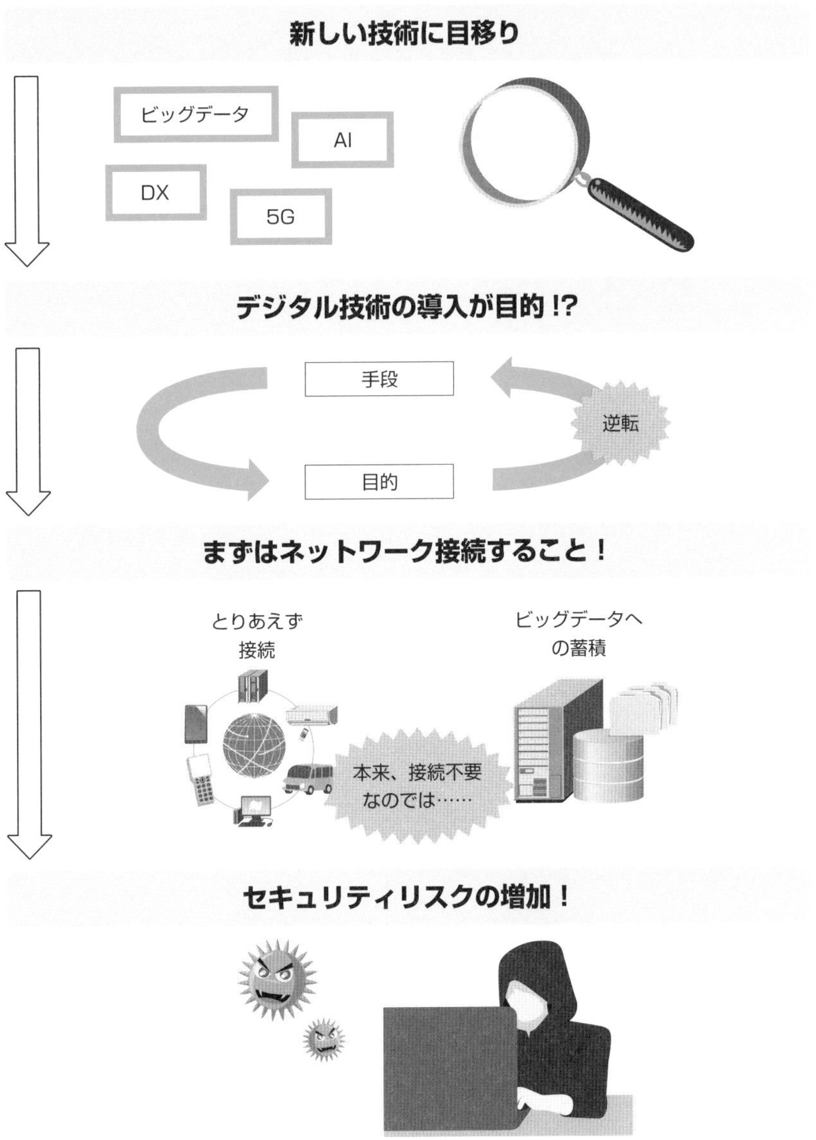

1-9

DXで増大する脅威と脆弱性

ビジネスの変革に伴い、新たに革新的なIT技術の導入が進みます。そうなると、セキュリティにも大きな環境変化が起こります。今までと違った脅威や脆弱性に対して、いち早く柔軟に対処することが必要です。

セキュリティ環境の大きな変化

デジタルトランスフォーメーション（DX）は、過去の延長線上からのビジネス改善ではなく、ゲームチェンジのように従来の枠組み自体が大きく変わる変革です。新たに革新的なIT技術が用いられることが多く、そうなるとセキュリティ環境もガラリと変わることが考えられます。

環境変化のわかりやすい例として、（DXによる変革ではありませんが）新型コロナウイルスの感染拡大により、急激にテレワークへシフトした状況を振り返ってみます。今まであたり前だったオフィスへの出勤を在宅勤務へ切り替えた企業が少なくありませんでした。

企業によっては、今までタブー視していたことを正当化するくらいの変わりようです。社内の安全なネットワークへ接続するのが前提だった業務用のパソコンを、会社の関与が難しい自宅のインターネット環境で使うのです。そもそもセキュリティの脅威に晒されるレベルが大きく異なります。

脅威と脆弱性への迅速な対応

多くの企業では、インターネット経由でセキュア*に社内システムなどへ接続するために、VPN*を導入しました。インターネット上に自宅と会社をつなぐ、仮想の専用線を引く仕組みです。ただ、VPNのソフトウェアに新たな脆弱性が見つかると、それを悪用した不正アクセスが大きな問題になりました。こうなると、もう何が安全なのかわからなくなります。

サイバーセキュリティでは、このようなセキュリティ環境変化に対して、いち早く柔軟に対処することが求められるのです。

＊**セキュア**　データやシステム、ネットワークなどが保護されて安全な状態にあること表す用語。
＊**VPN**　Virtual Private Networkの略。「仮想プライベートネットワーク」と訳される。

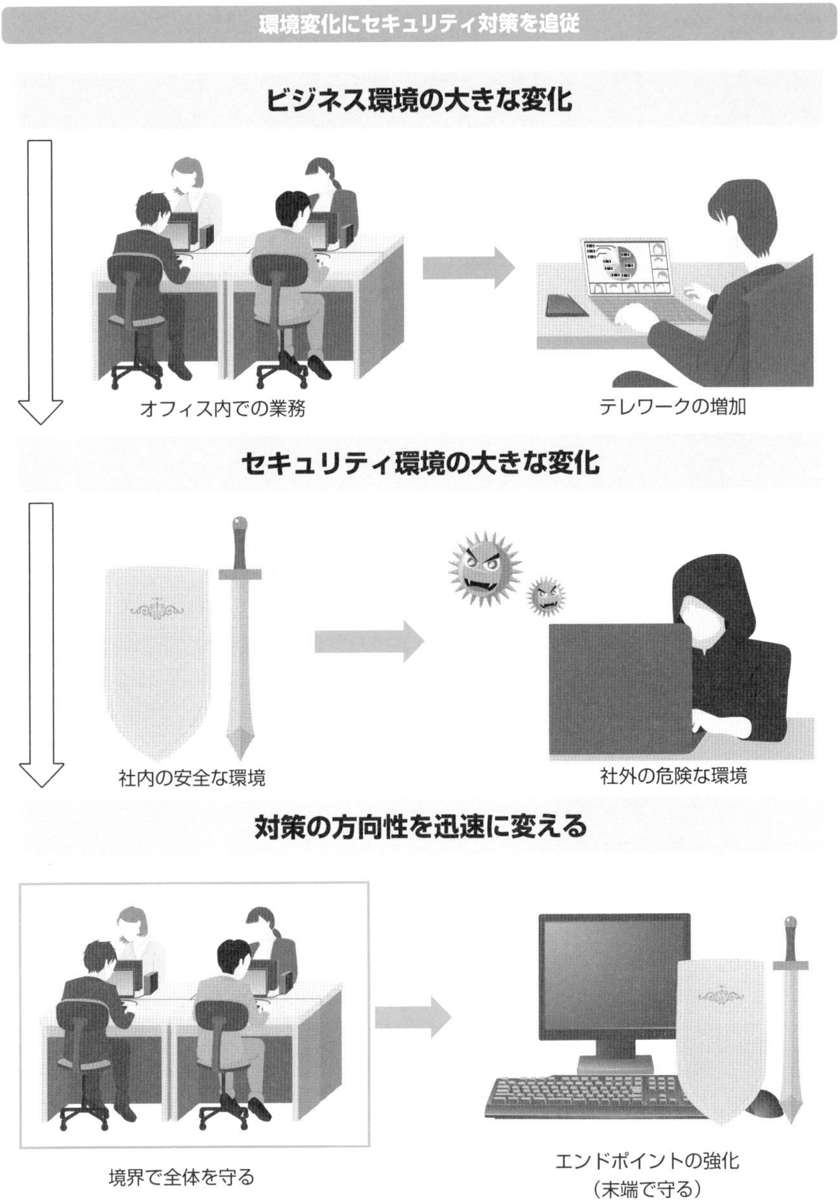
環境変化にセキュリティ対策を追従
ビジネス環境の大きな変化
オフィス内での業務
テレワークの増加
セキュリティ環境の大きな変化
社内の安全な環境
社外の危険な環境
対策の方向性を迅速に変える
境界で全体を守る
エンドポイントの強化
（末端で守る）

1-10

セキュリティ担当者に求められる役割

デジタル化の進展で、セキュリティ担当者に求められる役割も変わってきます。セキュリティリスクを技術面で捉えるだけでなく、経営者層の右腕として経営とセキュリティを橋渡しすることが期待されるのです。

セキュリティ管理とセキュリティ対策の推進

一般的に**セキュリティ管理**は、どのようにセキュリティリスクから守っていくかといった、組織の仕組みづくりのことです。組織体制やリスクアセスメント*の確立、リスクに応じた対策の検討と導入、社員教育の実施などが挙げられます。

これに対して**セキュリティ対策**とは、セキュリティリスクをコントロール（主にリスクを低減）する手段のことです。社員が守るべきルールの規定と順守、対策製品の導入と適切な運用などが挙げられます。技術的な面はもちろんのこと、人に対する人的な面や物理的な面など、幅広くリスクを考える必要があるのです。

組織において、こうしたセキュリティ管理と対策を率先するのが、セキュリティ担当者の役割だといえます。

技術視点と経営視点

そして、これからのデジタル時代では、サイバー空間とフィジカル空間の高度な融合が進みます。技術的なスキルを深堀するだけでなく、より経営レベルに近いビジネスの分野にまで、必要なスキルの範囲が広がります。

今までのセキュリティ担当者といえば、どちらかというと経営視点でリスクを考えることが少なかったのではないでしょうか。もちろん、より高度化するサイバー攻撃の手口について、技術視点で脅威や脆弱性を把握することは重要です。

ただし、経営リスクの内訳として、サイバーセキュリティの占める割合が増えてきています。経営者の右腕として、経営とセキュリティを橋渡しする役割が今後のセキュリティ担当者に期待されているのです。

---

* **リスクアセスメント**　事業場にある危険性や有害性の特定、リスクの見積り、優先度の設定、リスク低減措置の決定の一連の手順。

変わるセキュリティ担当者の役割

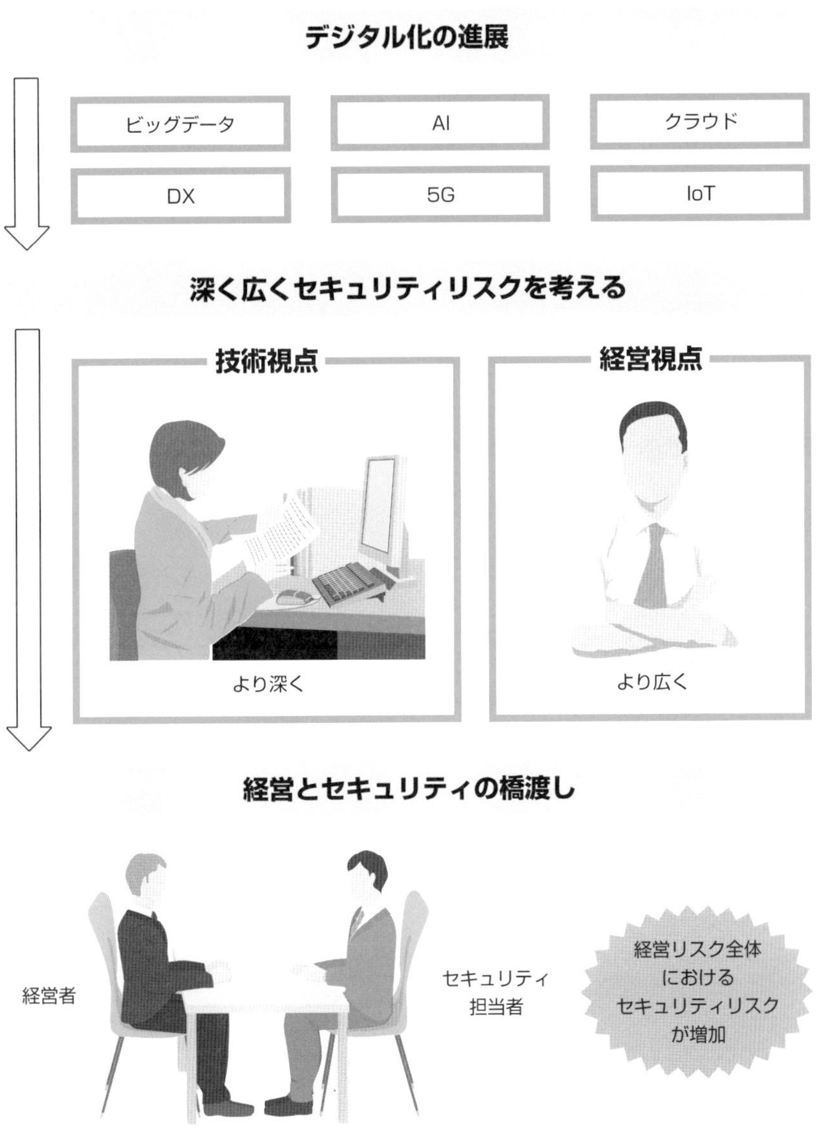

COLUMN

OTセキュリティを体験してみる

パソコンやサーバーを使って一般的なITセキュリティを学ぶことは可能ですが、工場の制御システムなどを取り扱うOTセキュリティというと、そう簡単ではありません。

そこで登場するのが、GRFICS(Graphical Realism Framework For Industrial Control Simulations)という産業制御シミュレーターです。VirtualBoxの仮想環境上に、化学プラントのプロセス制御を実現します。オープンソースで公開されており、自由に触れる工場システムを無料で使うことができるのです。

GRFICSは、OTを狙ったサイバー攻撃を検証する学習目的で利用されており、不正アクセスやコマンドインジェクション、バッファオーバーフローなどの攻撃を試すとともに、有効な防御スキルを学ぶことが可能です。

最新のバージョン2は、次のURLからダウンロードできます。

▼GitHub - Fortiphyd_GRFICSv2

```
https://github.com/Fortiphyd/GRFICSv2
```

▼GRFICS(3D シミュレーションの画面)

第2章

サイバー攻撃の事例分析

実際のサイバー攻撃により、どのような被害が発生しているのでしょう。私たち個人を狙ったものから、社会全体に影響を及ぼす甚大なものまで、ますます被害は拡大しています。第2章では、それらの事例をいくつか取り上げます。

2-1

高度化・巧妙化するサイバー攻撃

サイバー攻撃というと、インターネットの黎明期では個人が主犯の愉快犯でした。それが今では、明確な目的を持つ専門組織の犯行へと広がります。攻撃の手口についても、より高度で巧妙になっているのです。

時代とともに変わるサイバー攻撃

インターネットが使われ始めた1990年代では、**サイバー攻撃**は個人による愉快犯*が中心でした。2000年代にインターネットの普及が進むと、遊び半分で行われていたサイバー攻撃が、組織的かつ計画的なものへと広がります。ハクティビスト*集団や国家支援組織など、金銭を目的にしたサイバー犯罪組織による攻撃です。国や企業が水面下で支えていることもあり、豊富な資金を背景にした高い技術力で、攻撃の手口が高度化・巧妙化していきます。

さらに、サイバー攻撃がネットワーク上のサイバー空間で行われる戦争行為に発展。サイバー軍*を持つ国が増えています。日本では2014年、自衛隊の中にサイバー防衛隊が新編されました。

サイバー攻撃の被害が拡大

サイバー攻撃がより高度で巧妙になると、被害の影響が大きく拡大します。重要な情報を窃取する攻撃では、1つの事件で数十万件といった個人情報の漏洩につながります。近年では、**ランサムウェア***への感染による被害が急増。コンピュータのディスクドライブを暗号化し、その復元に多額の金銭を要求します。多くの場合、コンピュータが使えない（ディスクドライブが破損した）状況に陥るのです。

また、発電所といった重要インフラを狙ったサイバー攻撃では、機械設備をコントロールする制御システムの誤動作が考えられます。大規模な停電を引き起こし、国民生活や社会活動への甚大な被害が懸念されるのです。

ごく限られたものが対象だったサイバー攻撃の被害は、私たちの生活に大きな影響を及ぼすようになります。

---

* **愉快犯**　興味本位やいたずらで他人を困惑させ、快感を得る犯罪、または犯罪者。
* **ハクティビスト**　ハクティビズムを行うネット犯罪者、またはその集団。3-1節「攻撃者の動機」を参照。
* **サイバー軍**　サイバー戦争専門の部隊のこと。
* **ランサムウェア**　身代金要求型のウィルス。3-7節「ランサムウェアの特徴」を参照。

サイバー攻撃は専門組織の犯行へと広がる

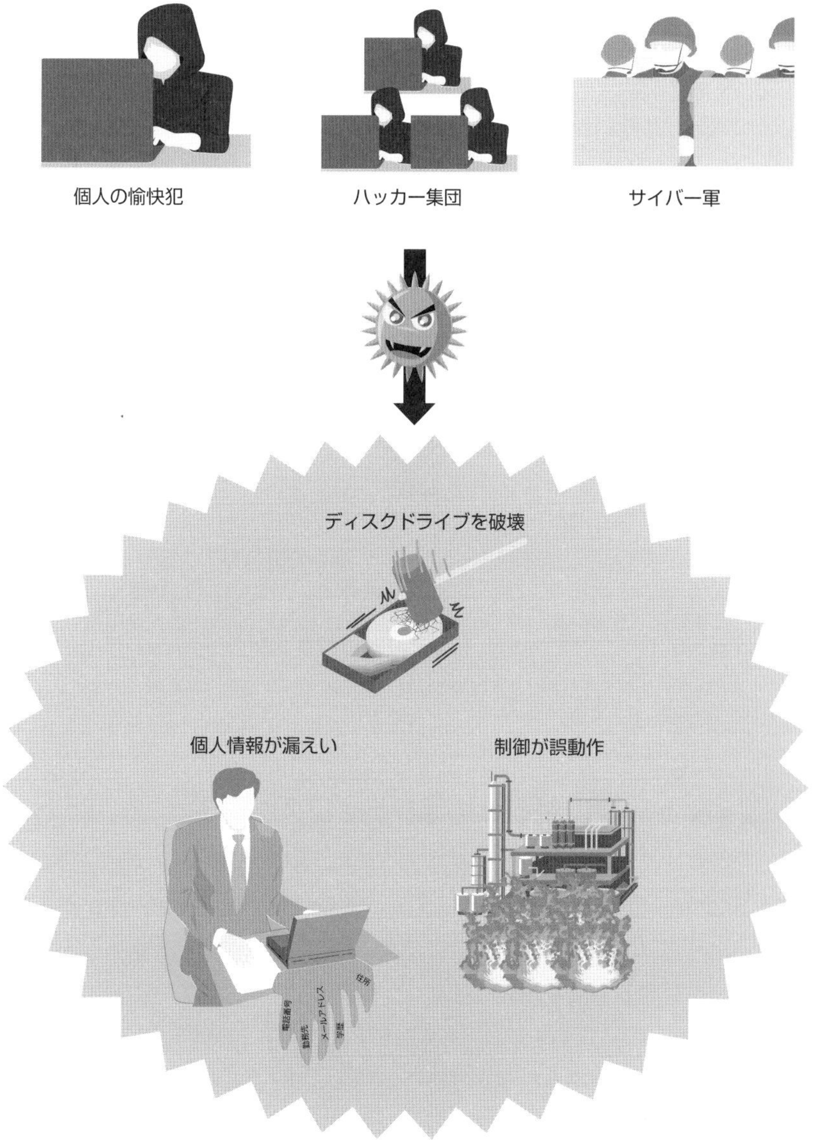

2-2

自動車メーカーが国内全工場を稼働停止

近年、サプライチェーン攻撃と呼ぶセキュリティの脅威が高まっています。その被害は、世界を代表する日本の自動車メーカーにも及びました。自社を強固に守るだけなく、サプライチェーン全体のセキュリティ強化が求められるのです。

サイバー攻撃でサプライチェーンが寸断

2022年3月1日、サイバー攻撃によって、日本の大手自動車メーカーの工場が稼働を停止しました。国内全14工場・28ラインに影響が及び、トップニュースになりました。

インシデント*の詳細は明らかにされていませんが、主要取引先の企業がランサムウェアに感染したのが原因です。被害の拡大を防ぐために、各種システムを接続するネットワークを遮断しました。これにより部品の受発注システムが利用できなくなり、サプライチェーン*が寸断されたのです。これが**サプライチェーン攻撃**です。

公表された取引先企業の障害報告によれば、特定の外部企業との専用通信で使用していたリモート接続機器に脆弱性が潜在。それを悪用した不正アクセスによりランサムウェアに感染したとのことです。

サプライチェーンに潜むセキュリティリスク

特に製造業では、リードタイム*の短縮や余剰在庫の削減など、全体を最適に効率化するサプライチェーンが欠かせません。ただ、サプライチェーンを構成する企業は、事業規模の大小や資本関係など様々です。攻撃者は、セキュリティ対策が強固な大手企業を直接狙うのではなく、サプライチェーンの中で一番弱いつなぎ目となる中堅・中小企業を狙い、甚大な影響を与えようとします。

製造業のサイバーセキュリティ対策では、取引先を含めたサプライチェーン全体のセキュリティリスクを最適化すること、具体的にはセキュリティのボトルネック*をなくすことが求められます。

---

* **インシデント**　重大な事故（アクシデント）に発展するリスクがある事件のこと。
* **サプライチェーン**　原材料や部品の調達から製品の販売に至るまでの一連の供給システム。
* **リードタイム**　商品やサービスを発注してから、納品されるまでの生産・輸送などにかかる時間や日数。
* **ボトルネック**　全体の流れの中で、停滞やリスクの原因になっている箇所のこと。

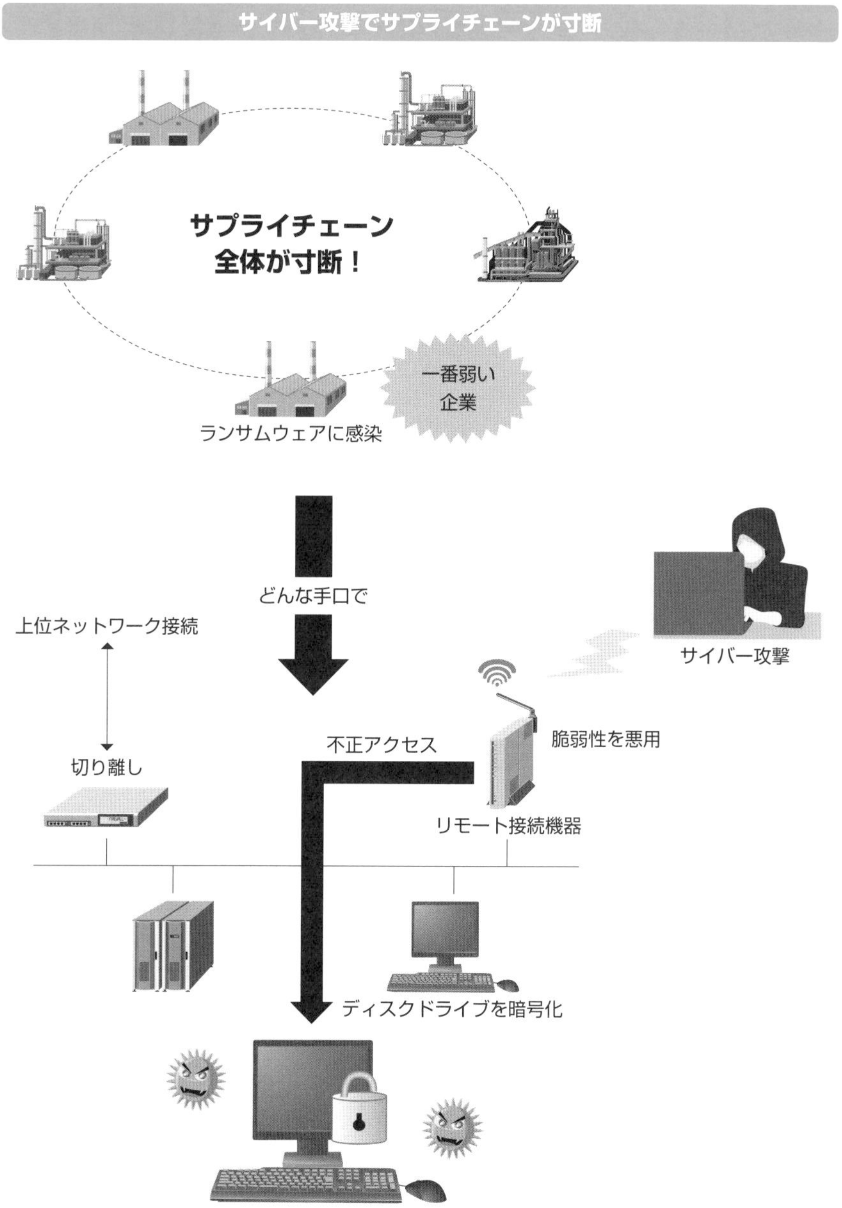
サイバー攻撃でサプライチェーンが寸断
サプライチェーン
全体が寸断！
一番弱い
企業
ランサムウェアに感染
どんな手口で
上位ネットワーク接続
切り離し
サイバー攻撃
脆弱性を悪用
不正アクセス
リモート接続機器
ディスクドライブを暗号化

2-3
石油パイプラインが5日間停止

社会経済の基盤となる重要インフラがサイバー攻撃の対象に！　地震や台風などの自然災害と同じように、私たちの生活に多大な影響を与えます。まさか重要インフラが……。そこに安全神話はありません。

重要インフラを狙ったサイバー攻撃

2021年5月、米国の**大手石油パイプラインの会社**がランサムウェアに感染し、約5日間に渡り操業を停止しました。同社は、テキサス州ヒューストンとニューヨークの間で、ガソリンなどを輸送する米国最大の長さ約8,850kmのパイプラインを運用。1日250万バレルの燃料を運び、米国東海岸における燃料供給の約45%を担っていることから、国民生活や社会活動に多大な影響を与えました。

攻撃者は、同社のネットワークに外部接続するVPNから不正アクセスし、ランサムウェアへの感染によるデータの暗号化と合わせて、そのデータ（約100GB）を盗み出しました。このVPNには、本来は無効化しておくべき未使用のアカウントがあり、それが悪用された可能性が高いとのことです。

同社は、サイバー攻撃を行ったハッカー集団から身代金支払いの脅迫（440万ドルの要求）を受け、事の大きさからそれに応じることにしました。攻撃者は追跡を逃れるため複数のビットコインアドレスに身代金を分散し、最終的に1つの口座へ集約。この最終口座の秘密鍵*をFBI*が入手し、後日230万ドルを取り戻したとの報道もありました。

喫緊の課題となるセキュリティ対策

社会経済の基盤を支える重要インフラが、まさかサイバー攻撃で使えなくなるなんて……。そこにサイバーセキュリティの安全神話はないのです。重要インフラが狙われると、その被害の影響は計り知れません。

インフラ設備の老朽化や災害対策が喫緊（きっきん）の社会課題となっていますが、同じようにサイバー攻撃への対策に取り組む必要があるはずです。

＊**秘密鍵**　データを暗号化する「公開鍵暗号方式」で使用される一対の鍵のうち、所有者だけが知っている鍵（データ）のこと。もう一方の対は、相手方に公開する「公開鍵」。

＊**FBI**　連邦捜査局。米国の司法省に属する警察機関の1つ。Federal Bureau of Investigation の略。

サイバー攻撃でパイプラインの供給が停止

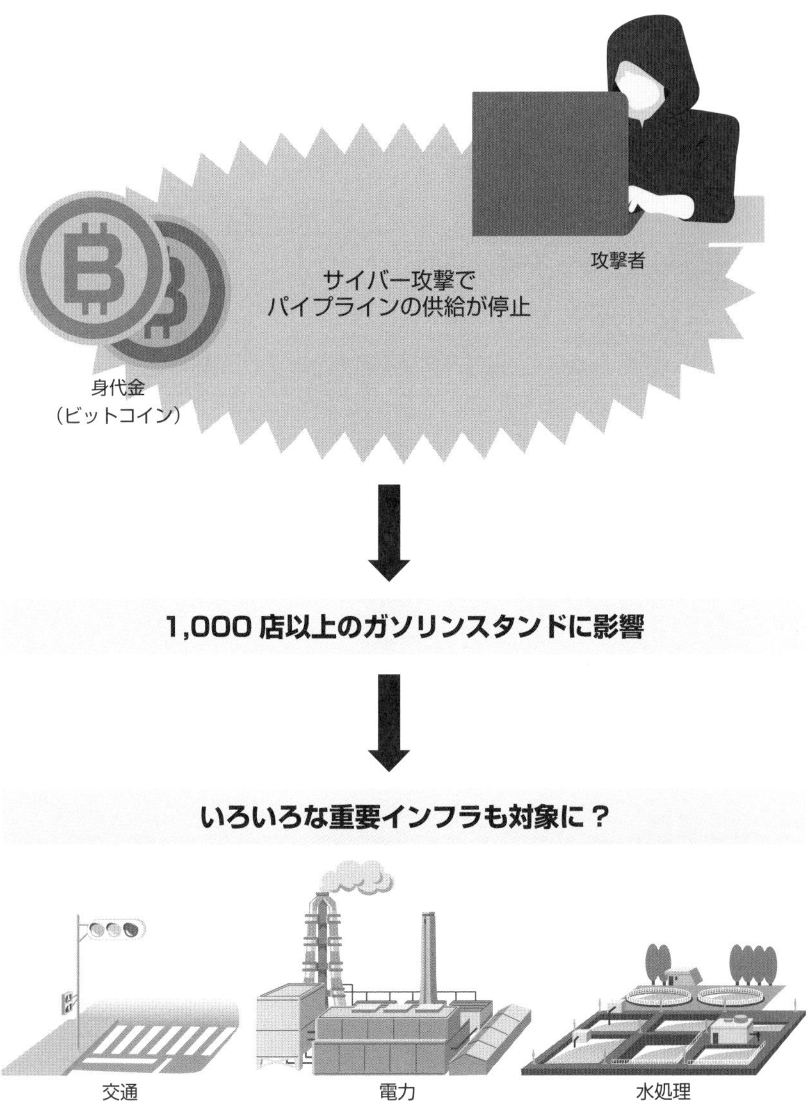

2-4

病院を襲うランサムウェア

地域住民の健康を守る病院に、さらなる脅威が襲います。財政難や人材の慢性不足など経営環境が厳しい中、そこに追い打ちをかけるようにサイバー攻撃の脅威が迫ります。

サイバー攻撃で地域医療が崩壊

ここ近年、日本の**医療機関**がサイバー攻撃の被害でダメージを受けています。2016年以降、少なくとも17の機関に大きな影響がありました。特に電子カルテには、多くの個人情報が紐づくことから情報漏洩のリスクが高くなります。

直近では2022年6月、徳島県の病院で**ランサムウェア**の感染により電子カルテシステムにアクセスできない状況となり、新規患者の受け入れを停止しました。同年6月19日の夕方、病院内のプリンタから英文の脅迫文書を一斉に出力してパソコンが再起動。システムが使用できなくなったとのことです。後の原因調査で、ランサムウェアによるサイバー攻撃が判明しました。

徳島県では、2020年にも病院がランサムウェアの被害で、約2か月に渡り通常診療ができない状態に陥っています。その調査報告によると、VPN装置の脆弱性が悪用され、不正アクセスにつながった可能性が高いとのことです。

社会的な課題となるセキュリティ対策

なぜ病院が狙われるのでしょう？　これにはいくつか要因がありそうです。その1つは、比較的小規模な病院だとしても、その地域の社会基盤であり、被害の影響が非常に大きくなることです。攻撃者は、身代金が支払われる可能性が高いと踏んでいるのかもしれません。また、一般的に病院の経営環境は厳しく、セキュリティ対策に予算などを振り向けるのが難しい状況です。攻撃者から見ると、攻撃にあたってのハードルが低くなります。

こうしたことから、セキュリティ対策の予算をクラウドファンディング*で募るような動きも出ており、社会的な課題としての解決が望まれます。

＊**クラウドファンディング**　インターネットを通じて、活動資金を募る仕組み。

病院を狙ったサイバー攻撃

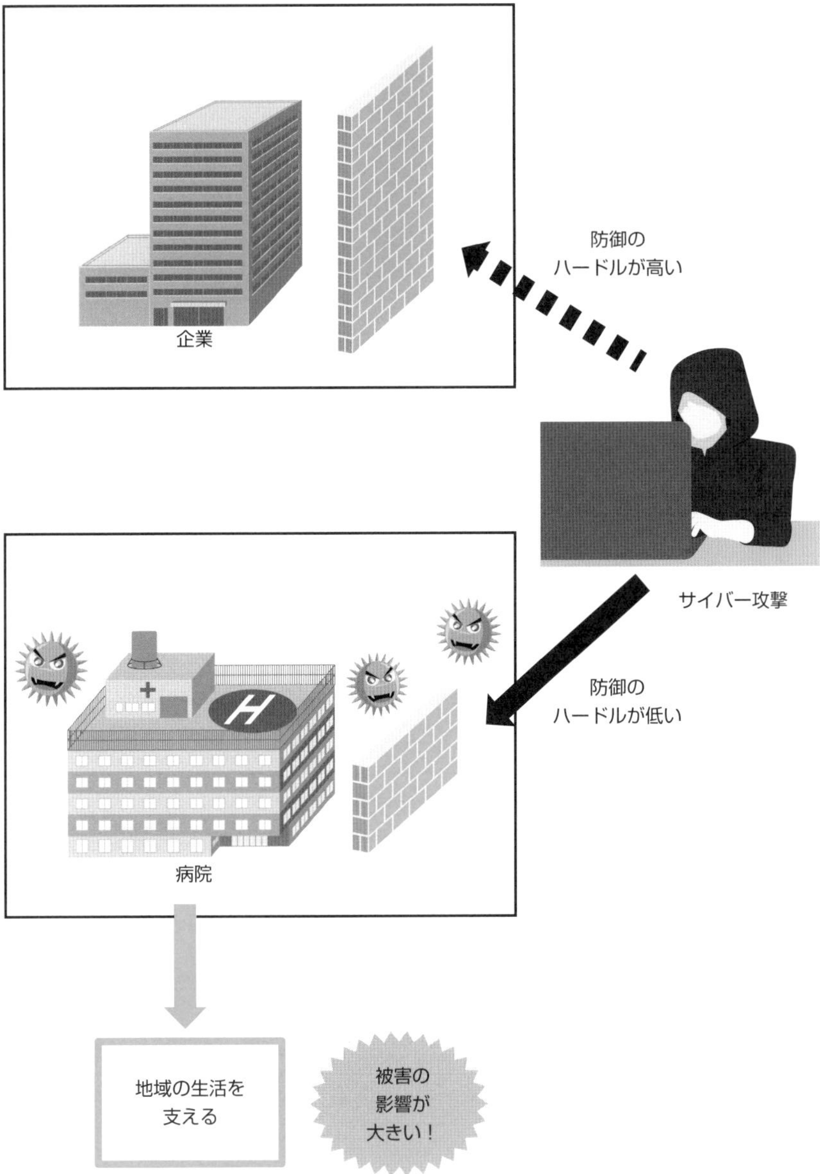

2-5

自動車をハッキング

車の自動運転技術は大きな進歩を遂げています。すでに、高度な運転支援機能を持つ自動車の普及が進んでいます。運転ミスによる交通事故削減などの期待が高まる一方、セキュリティを不安視する声も少なくありません。

つながる車によるセキュリティリスク

コネクテッドカーの増加で、私たちが乗る**自動車**が狙われています。コネクテッドカーとは、インターネットなどへ接続する通信機能を備えた「つながる車」です。高度なナビゲーションシステムやトラブルサポートなど、ネット接続が欠かせない環境となっています。また、完全自動化に向けて、車に取り付けた様々なセンサーの情報を収集。AIによる自動制御が運転操作をサポートするのです。

自動車への**ハッキング**＊は、2013年頃から次々と事例が報告されています。自動車内部のネットワークは、インターネットなどの外部に接続する「情報系」と、ブレーキやハンドルなどを司る「制御系」に分かれ、その2つをつなぐ「ゲートウェイ」から構成されます。

この情報系を経由して制御系に不正アクセスされると、ラジコンのように車のブレーキやハンドル操作を奪ったり、ドアロックを解除されたりするのです。こうなると人命に直結するため、ただごとではなくなります。

予断を許さないセキュリティ環境の変化

現時点でのハッキング事例は、あくまでもホワイトハッカーや研究者などの専門家による「実験」であり、実際に何らかの被害が起きたという報告はありません。これは、攻撃者にとって明確な動機が見つからないのが理由だといわれています。

また、自動車内のシステムやネットワークへの対策も進んでいます。ネットワーク通信の暗号化や、認証キーによる不正な制御命令の実行防止などです。ただし、自動運転のレベルアップや次世代型EV＊による技術の進展が、今後どのようにセキュリティ環境を変化させるのか予断を許しません。

＊**ハッキング**　技術力のある人がシステムやプログラムなどに不正アクセスし、解析や改変などを行うこと。ハック（Hack）は、「切る、切り刻む」という意味。

＊**EV**　Electric Vehicleの略。電気自動車のほか、ハイブリッド車や燃料電池自動車、プラグインハイブリッド車なども含まれる。

コネクテッドカーをハッキング

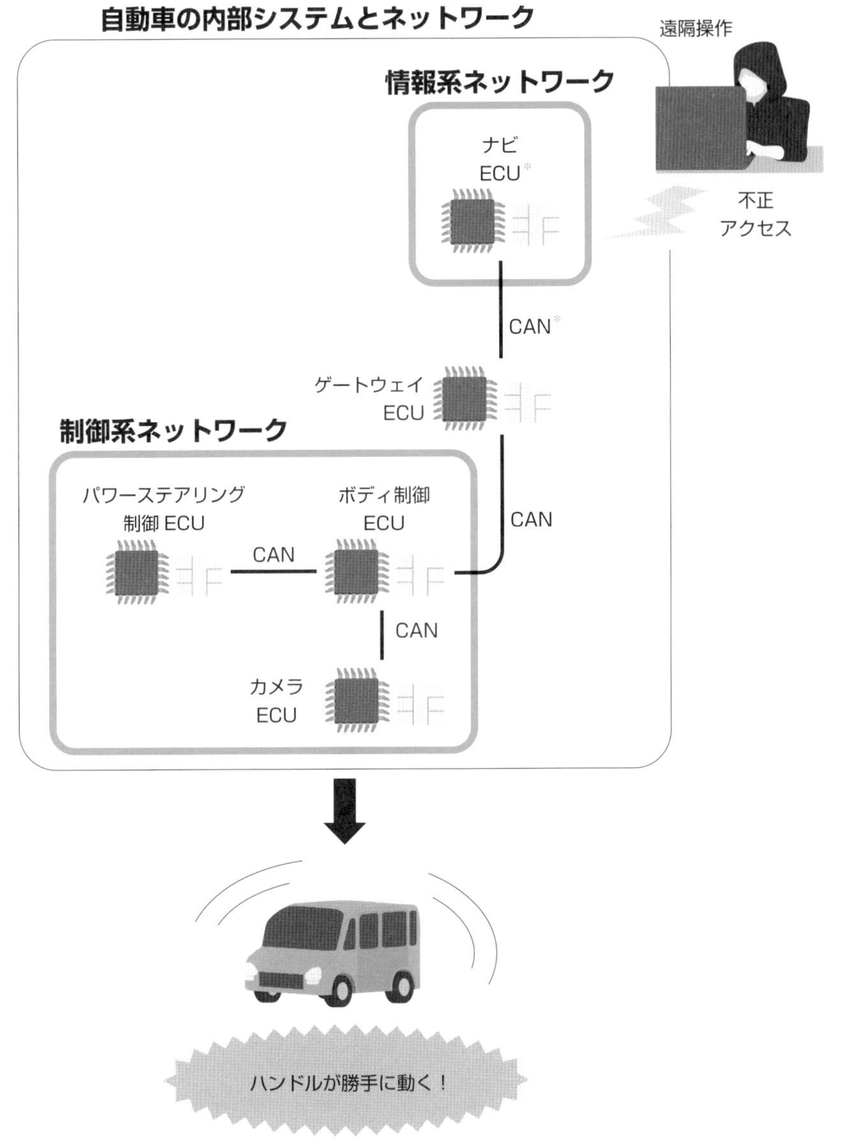

＊ **CAN**　自動車の中のネットワークに使われているシリアルインターフェース。Controller Area Network の略。
＊ **ECU**　自動車を電子制御するコンピュータ。Electronic Control Unit の略。

2-6

過去のメールを巧みに転用するEmotet

サイバー攻撃で最も注意が必要なのがEメールです。特に怪しいメールの添付ファイルは、要注意です。しかしながら、攻撃の手口がますます巧妙化しており、その被害は後を絶ちません。

メールの添付ファイルがトリガー

Emotet（エモテット）は、不正なメールの添付ファイルを誤ってクリックすることで感染するマルウェアです。従来からよくある典型的な手口なのですが、2019年頃から何度も感染拡大を繰り返しています。なぜ、ここまで感染を広げるのでしょうか？

理由の1つは、**なりすましメール**がとても巧妙で、実際にやり取りしたメールの内容を引用しているため、添付ファイルをうっかりクリックしやすいのです。

2021年に感染拡大した際には、添付ファイルをパスワード付のzip（ジップ）*で暗号化するようになります。情報漏洩を防ぐためのセキュリティ対策として、パスワード付きzipで添付ファイルを送るPPAP方式*を採用していた企業では、これが悩みの種になります。これを契機にPPAP方式を止める企業も出てきました。

また、Emotet本体には不正なプログラムコードを含まず、外部からバージョンアップした攻撃コードをダウンロードしてメモリ上だけで利用する*など、高度な隠蔽（いんぺい）テクニックがいくつも使われています。

メールソフトの情報を搾取

Emotetでは、パソコンに保存されているWebブラウザなどの認証情報を盗むとともに、メールソフト（Outlook）の各種情報を搾取（さくしゅ）して悪用します。過去のメールからEメールアドレスや件名、本文などの情報を使って、「なりすましメール」を作るのです。

これらの情報はすべて外部のサーバーへ送られており、なりすましメールのばらまきに使われるだけでなく、不正アクセスに利用されているとの報告もあります。

---

* **zip**　複数のファイルを1つのファイルにまとめて格納するファイル圧縮形式の1つ。
* **PPAP方式**　PPAP方式と呼ばれる。❶「Passwordつきzip暗号化ファイルを送ります」→❷「Passwordを送ります」→❸「Aん号化（暗号化）」→❹「Protocol」の頭文字をとった用語。
* **外部から〜利用する**　「ファイルレス」と呼ばれる。

巧妙なEmotetの手口

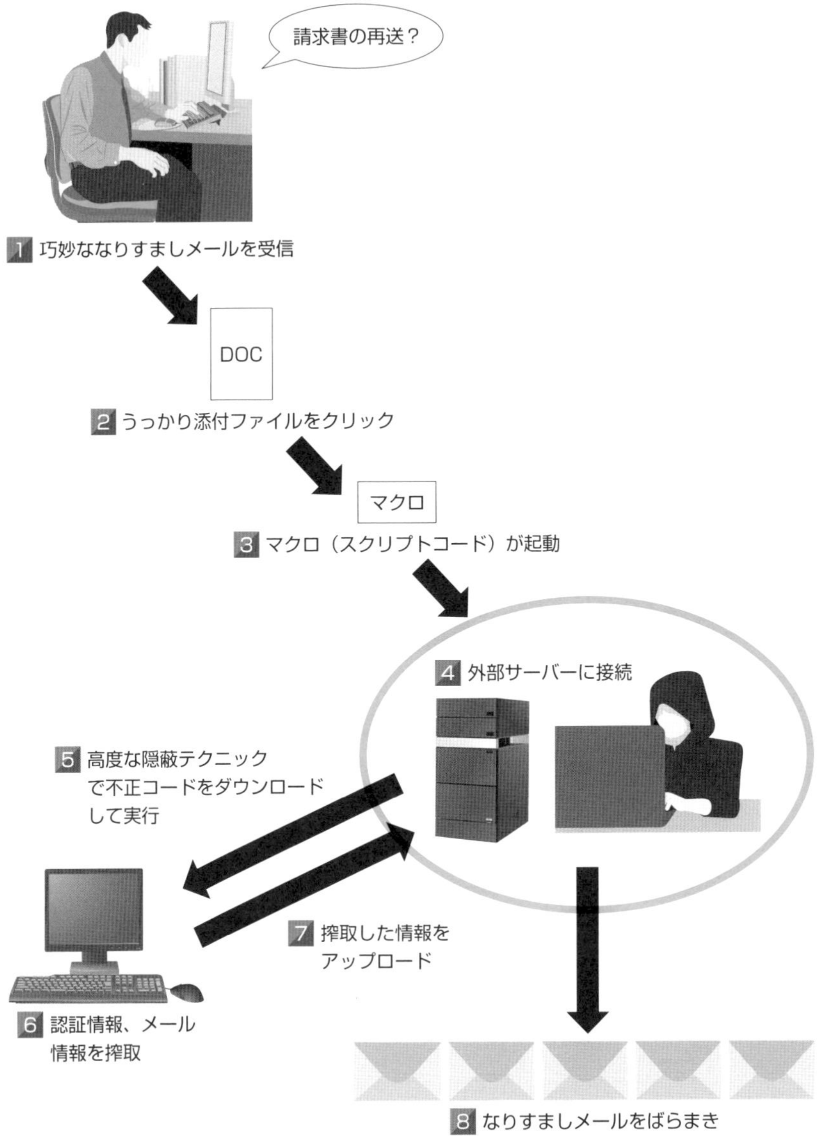

請求書の再送？
1 巧妙ななりすましメールを受信
DOC
2 うっかり添付ファイルをクリック
マクロ
3 マクロ（スクリプトコード）が起動
4 外部サーバーに接続
5 高度な隠蔽テクニックで不正コードをダウンロードして実行
6 認証情報、メール情報を搾取
7 搾取した情報をアップロード
8 なりすましメールをばらまき

2-7

被害が続出した Apache Log4jの脆弱性

Apache Log4jという聞きなれない言葉に、内容の難しさを感じるかもしれません。このセキュリティの専門家を対象にしたような脆弱性が、なぜトップニュースで取り上げられたのか説明します。

Apache Log4jとは

Apache Log4j（以下、Log4j）は、ログファイル*を出力するソフトウェアツールです。Apacheソフトウェア財団で開発されたオープンソースソフトウェアの1つであり、Java*で開発したプログラムに対してログファイルを記録・出力するための機能を提供します。これが、多くのWebサーバーなどで広く利用されているのです。

2021年12月、Log4jにきわめて深刻な脆弱性が見つかりました。Webサーバーでは、一般的に利用者からのアクセスをログに記録します。そこで、意図した文字列を含むURLを用いてアクセスすると、ログの記録と同時に任意のプログラムが実行できたのです。これを悪用すれば、簡単にインターネット上のサーバーからマルウェアをダウンロードして感染させることができます。

なぜここまで大きく話題に

この脆弱性を狙ったサイバー攻撃が実際に多数確認され、事の重大さからトップニュースとして大きく取り上げられます。Log4jを含む多くのApacheオープンソースソフトウェアは、非常に安定したソフトウェアとして知られており、そこに致命的な脆弱性が潜んでいたという事実に驚いたのです。

そして、Log4jの脆弱性対応は、簡単な話ではありません。まず、対象となるシステムの把握が難しいことです。たとえば、一見関係なさそうなネットワーク機器などのメンテナンス画面に、Webサーバーの機能（Log4j）を利用していることがあるからです。また、容易にパッチの適用やバージョンアップができないシステムも多く、不正アクセスなどの温床になることが危惧されました。

***ログファイル**　OSやソフトウェア、ネットワークの活動状況を時系列で記録したファイルのこと。
* **Java**　多くのシステムで使われている、汎用性の高いプログラミング言語。

Log4jを狙った攻撃フロー

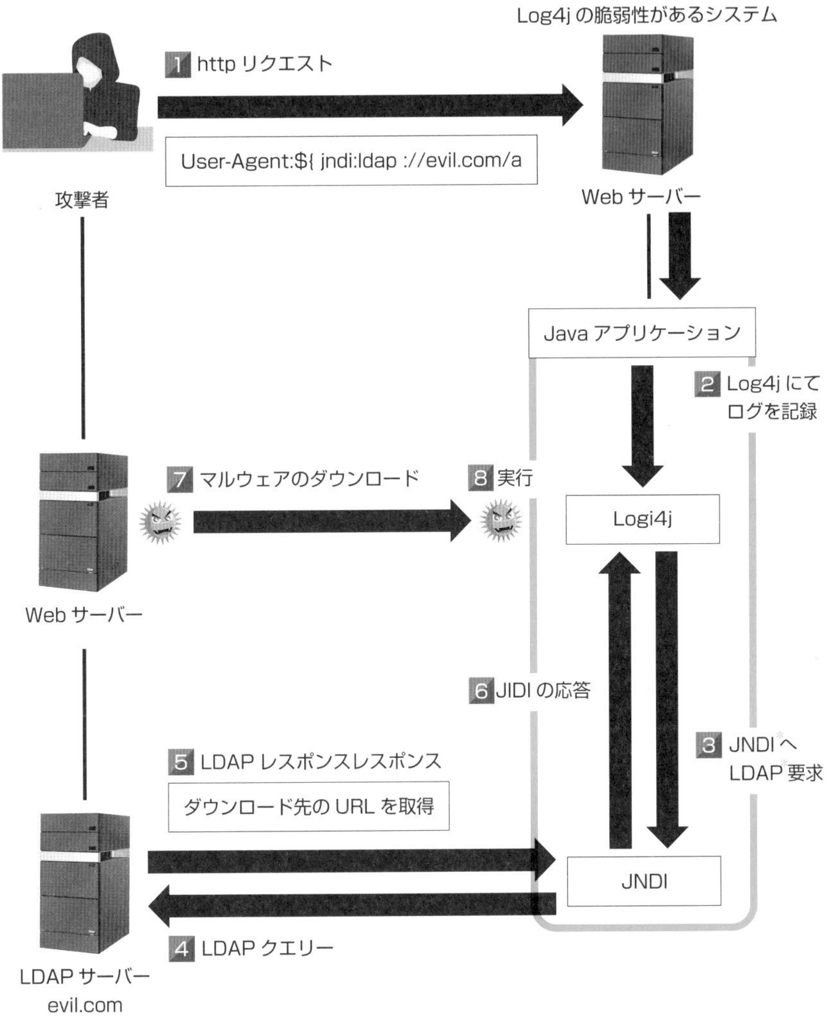

＊ **LDPA**　ネットワークに接続したリソース（ユーザー等の）情報を管理するディレクトリサービスへ接続するためのプロトコル。Lightweight Directory Access Protocol の略。

＊ **JNDI**　Java 言語からディレクトリサービスにアクセスするためのプログラム機能。Java Naming and Directory Interface の略。

2-8

家庭用ルータに感染するマルウェアMirai

大手ECサイトがDDoSと呼ばれる大量の不正アクセスを受け、サーバー・ネットワークが過負荷でダウン。もしかすると、自宅のルータがそのサイバー攻撃に加わっているかもしれません。

Miraiとは

Mirai(ミライ)は、ボットネットと呼ばれるマルウェアです。**ボットネット**とは、マルウェア（ボット）に感染させた複数の機器に対して、遠隔から制御するネットワークを構成します。感染した機器は、ほかの機器に感染を広げるとともに、指令サーバーからの指示を待ちます。これを使って、感染機器から攻撃先のサーバーへ大量の通信パケット*を一斉に送り込み、過負荷でサービスをダウンさせる**DDoS**(ディードス)*を仕掛けるのです。

2016年には、MiraiによるDDoSで大手ECサイトが次々とダウンし、最大で600Gbpsを超えるトラフィック*を受けたといわれています。このような多大なトラフィックを生むには、大量のボットに感染した機器を使う必要があります。

自宅のルータが攻撃に加担

一体どのような機器がMiraiに感染するのでしょう。実は、ネットワークカメラやルータ*といった家庭内に置いてある機器（IoTデバイス）が、主要なターゲットになっています。

これらの機器は、メンテナンスなどでログインするためのユーザーIDとパスワードが初期設定のまま利用されることが多く、こうした認証情報を使って不正アクセスによりボットに感染させます。また、通常は電源を入れたまま自動で動いているため、機器のマルウェア感染などに気づかないことが多いのです。

知らぬ間に、自宅にあるインターネット接続用のWi-Fiルータが感染し、サイバー攻撃に加担していることも考えられます。

---

* **通信パケット**　データの通信方法の1つ。データを小包（パケット）のように小さく分割して送受信する。
* **DDoS**　Distributed Denial of Service attack の略。不特定多数の機器（パソコンなど）から、特定の機器（サーバーなど）に対して過剰なアクセスやデータを送付するサイバー攻撃。3-5節「DDos攻撃」を参照。

Miraiボットネットによる攻撃

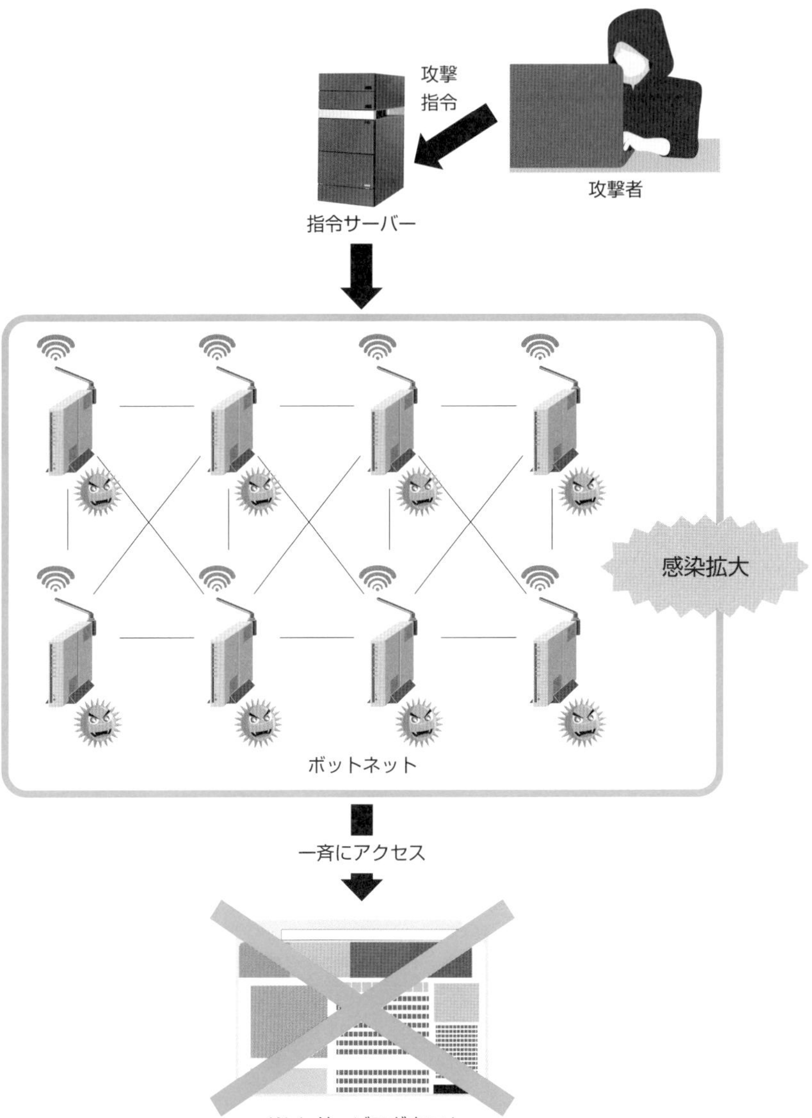

＊**トラフィック**　通信回線やネットワーク上で一定時間内に転送されるデータ量のこと。
＊**ルータ**　ネットワーク上において、異なるネットワーク間の中継器。

2-9 テレワークを狙うVPNの脆弱性

テレワークの普及でセキュリティ環境が大きく変わりました。VPNの脆弱性を悪用したサイバー攻撃の増加をきっかけに、ゼロトラストモデルが注目を集めています。

テレワークの増加による環境変化

2020年3月、新型コロナウイルスの感染拡大による緊急事態宣言により、一気に**テレワーク**が広がります。働き方改革の一環で、テレワークを試行していた企業もありましたが、主はオフィスへの出勤でした。それがフルリモートのように、テレワークを原則とする在宅勤務へと変わります。

これに伴い、大きく環境変化が生じます。会社のノートパソコンを自宅に持ち帰り、家庭内のインターネット接続を経由して会社のネットワークへ入り込みます。**VPN**と呼ばれるネットワーク機器やソフトウェアを使って、インターネット上に会社と自宅をつなぐ仮想の専用線を引くのです。

今までは、社内の安全なネットワークからのアクセスを前提に、外部ネットワークとの接続部分で守りを強化する境界防御が対策の基本でした。しかしながら、守るべき端末（パソコン）が境界の外にあると、セキュリティの脅威は一転します。こうして、すべてのネットワークは安全ではない（信頼できない）ことを前提とする**ゼロトラストモデル***に注目が集まります。

頼りのVPNが落とし穴に

全面的なゼロトラストモデルへの移行は、大幅にシステムやネットワーク構成を見直す必要があり、そう簡単ではありません。当面、テレワークではVPNによる接続が基本のままです。そのセキュアなネットワーク接続を目的にするVPNに大きな脆弱性が見つかり、2020年から不正アクセスの被害が多く報告されます。

こうなると、安全だと信頼していたドアが最強のバックドアに変わります。いまだセキュリティパッチが適用されていない、放置されたようなVPN機器が少なくないのです。

＊**ゼロトラストモデル**　「ゼロトラスト（何も信頼しない）」を前提とした新しいセキュリティ対策。すべての通信やデバイスの動作について、マルウェアの侵入や振る舞いをチェックするなどの対策を行う。

簡単ではないゼロトラストモデルへの移行

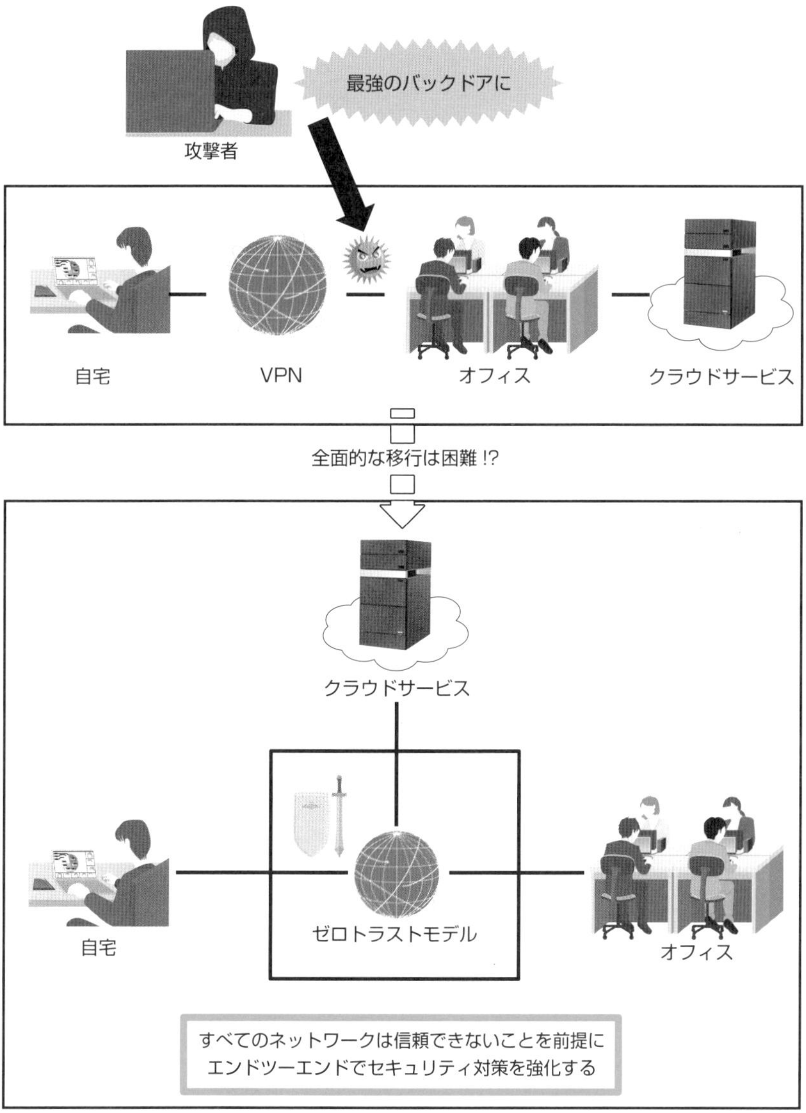

2-10

スマホ決済を狙った被害

一時期、〇〇Payのキャンペーンで大いに盛り上がったスマホ決済。今では、毎日のように利用されている方も多いのではないでしょうか。その身近なスマホ決済が狙われ、私たちにセキュリティの脅威が迫ります。

▶▶ 利便性とセキュリティはトレードオフ

スマートフォンの画面に表示されたQRコードなどをかざすだけで決済できる、**スマートフォン決済サービス**（スマホ決済）の普及が進んでいます。2019年10月1日の消費税率引上げに伴うキャッシュレス・ポイント還元が契機となり、〇〇Pay（ペイ）といったサービスが次々に登場し、利用者が一気に増加しました。

現金を取り扱うことなく支払いができるため、利便性が向上します。しかし、それに反してトレードオフとなるのが**セキュリティリスク**です。スマホ決済では、残高チャージのためにクレジットカード情報や銀行口座の登録が必要です。これらの情報は、決済サービスごとに専用のシステムで管理されています。そのシステムの脆弱性が狙われて、情報窃取や不正取引につながりました。

また、利用者が複数のサービスを利用している場合、同じパスワードを使い回すことが多く、過去に他サービスから漏洩した情報を用いて不正ログインする手口も広く使われました。

▶▶ 個人が自らできる対策とは

パスワードは長く、複雑に、使い回さないのが基本ですが、実施が難しいことも事実です。よって、スマートフォンが持つ指紋認証を加えた多要素認証方式を用いたり、3Dセキュアと呼ばれるクレジットカードの本人認証サービスを利用したりすることが効果的です。

当初はいくつかのスマホ決済サービスに登録したものの、その後は特定のサービスだけに利用が集中してないでしょうか。しばらく利用していないサービスを退会するもの、セキュリティ対策の1つです。

スマホ決済の被害を予防

パスワード情報を不正に入手
パスワード
闇サイト
盗んだパスワードを使って
店舗で Pay を利用
不正利用を防ぐには
多要素認証の利用
使っていないサービスを退会

2-11

インターネットバンキングにおける不正利用と金銭被害

直接的な金銭被害といえば、個人や企業を狙った金融取引に関わるサイバー攻撃です。詐欺の手口で窃取したID、パスワードなどを使って不正な送金が行われます。また、バンキングマルウェアにも注意が必要です。

被害の多くは個人がターゲット

個人や企業を問わず、銀行などの金融取引サービス（残高照会や振り込みなど）では、主に**インターネットバンキング**を利用しているのではないでしょうか。不正利用を防ぐために、**ワンタイムパスワード**＊などの認証によるセキュリティ強化も進んでいます。

警視庁によると、2021年のインターネットバンキングに関わる**不正送金事犯**の発生件数は584件、被害額は約8億2,000万円です。前年と比べて減少はしているものの、1件あたりの被害額は増加しています（件数は約1/3減、被害額は微減）。また、被害額の約9割は個人口座が対象であり、その多くはメールなどによる**フィッシング**＊だといわれています。

バンキングマルウェア

インターネットバンキングの普及とともに、2005年頃から不正送金を狙った**バンキングマルウェア**が出現します。近年では、Emotetの裏で動く**Zloader**（ゼットローダー）というマルウェアもその1つです。Emotetのダウンローダー（他のマルウェアを呼び込む）機能を使ってZloaderに感染させます。

Zloaderは、遠隔操作が可能なVNC＊やキーボードの入力情報を窃取するキーロガー＊、画面を写し取るスクリーンショットの機能を備えます。利用者がインターネットバンキングにアクセスすると偽画面を表示し、認証情報（アカウント、パスワード、ワンタイムパスワードなど）をリアルタイムに詐取。攻撃者は正規の画面よりインターネットバンクへアクセスし、不正送金が実行されるのです。

＊**ワンタイムパスワード**　一定時間ごとに発行され、一度だけ有効な使い捨てパスワード。
＊**フィッシング**　偽サイトへ誘導し、IDとパスワードを入力させて認証情報を騙し取る手口のこと。

フィッシングによる被害

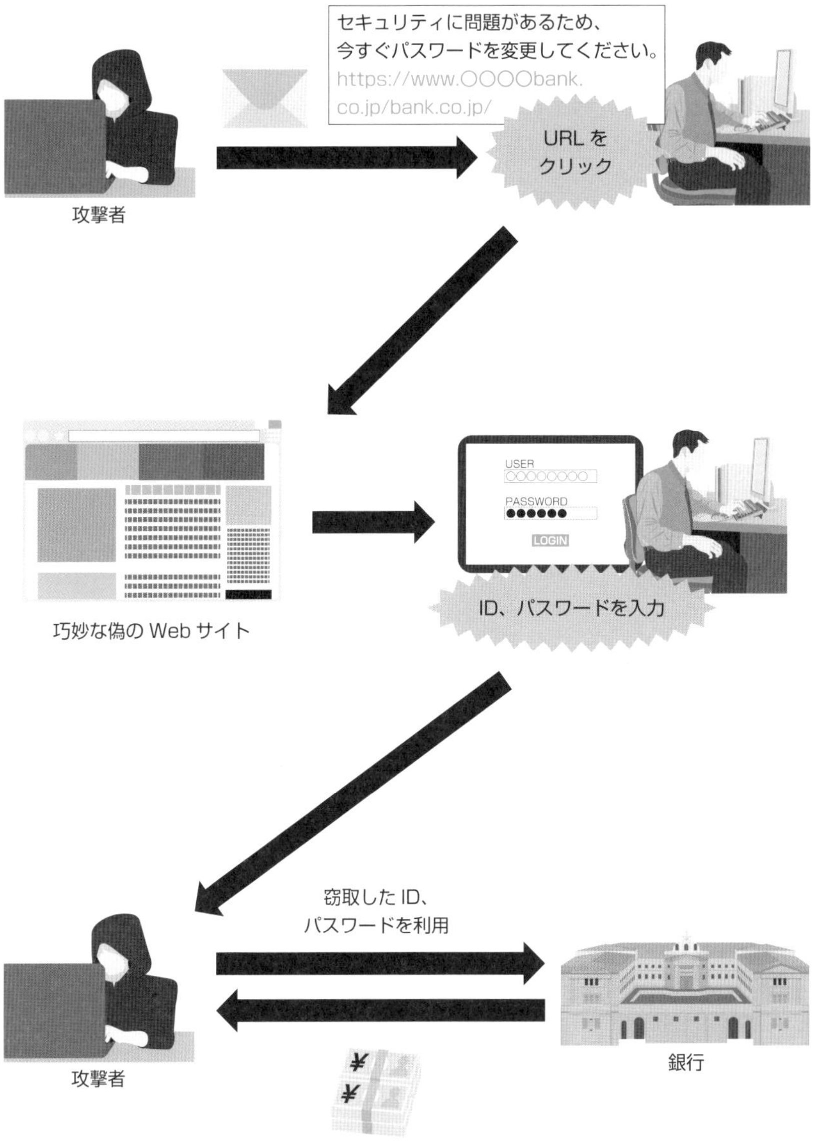

※ **VNC**　ネットワーク上の離れたコンピュータを遠隔操作するためのソフトウェア。Virtual Network Computing の略。

※ **キーロガー**　パソコンのキーボード操作を監視し、時系列に記録する装置やソフトウェア。

2-12

大量のクレジットカード情報が流出

ネットショップでの購入増やキャッシュレス決済の普及により、クレジットカードの利用頻度が高くなっています。セキュリティ面では安心・安全のイメージが強いクレジットカードですが、もちろんサイバー攻撃の被害と無縁ではありません。

後を絶たない情報流失への対策

個人情報と並び、従来からサイバー攻撃による情報流出の被害が続く**クレジットカード情報**。ネットショップなどを運営する多くの事業者は、自社で決済機関と直接手続きをするのではなく、決済代行会社のサービスを利用しています。

決済の安全性を高める**トークン方式**や**トークン決済**と呼ばれる仕組みでは、クレジットカード情報を別の文字列（トークン）に置き換えて通信を行います。加盟店（店舗）側では、クレジットカード情報を「保存・処理・通過しない」ので、情報漏洩のリスクが軽減されます。そこで重要な役割を担うのが決済代行会社です。

決済代行会社がサイバー攻撃に

このようなことから、**決済代行会社**には強固なセキュリティ対策が求められます。PCI DSS *と呼ばれるクレジットカード業界のセキュリティ基準に準拠した運用をしているのです。

その決済代行会社がサイバー攻撃を受けます。2022年2月に日本の決済代行会社が、不正アクセスで最大46万件のクレジットカード情報などを漏洩したとの報道がありました。その後、Twitterをはじめとする SNSでは、その影響でクレジットカードが不正利用されたとのつぶやきが拡散します。

日本クレジットカード協会の調査によると、国内発行クレジットカードの不正利用被害額は2021年で約330億1,000万円。被害額は年々増加する傾向にあり、直近の2022年1月～3月の間では、すでに100億円を超えています。

より安心・安全なクレジットカード決済への取り組みが望まれます。

＊ **PCI DSS**　Payment Card Industry Data Security Standard の略。2006年9月に VISA、MasterCard、JCB、American Express、Discover によって設立された米国 PCI データセキュリティ基準審議会が制定した国際標準基準。

トークン決済の流れ

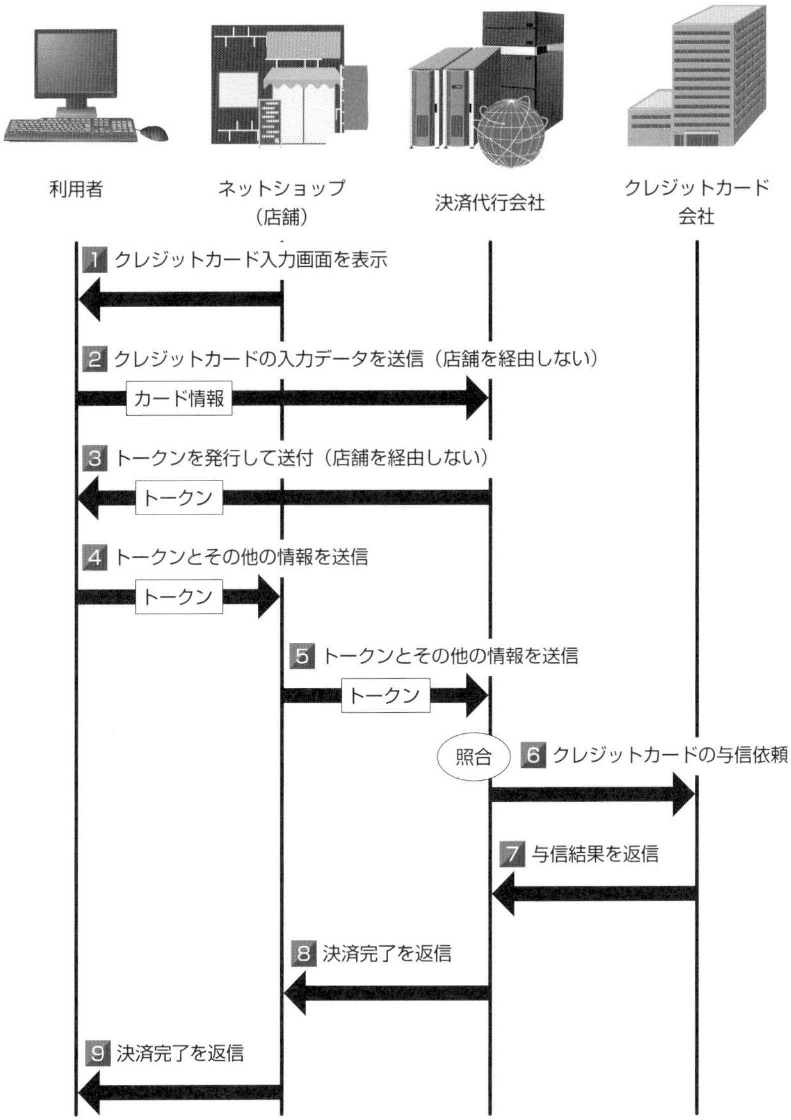
利用者
ネットショップ
（店舗）
決済代行会社
クレジットカード
会社
1 クレジットカード入力画面を表示
2 クレジットカードの入力データを送信（店舗を経由しない）
カード情報
3 トークンを発行して送付（店舗を経由しない）
トークン
4 トークンとその他の情報を送信
トークン
5 トークンとその他の情報を送信
トークン
照合
6 クレジットカードの与信依頼
7 与信結果を返信
8 決済完了を返信
9 決済完了を返信

2-13

あらためて知るSNSの危険性

コミュニケーションツールとして欠かせなくなったSNS。皆さんも、何らかのSNSを利用されているのではないでしょうか。ここでは、個人と企業それぞれの立場で、あらためてその危険性を振り返ります。

個人に対する危険性

最初に、SNSの利用者個人にどのような危険性があるのかを表にまとめます。

No.	事例	危険性
①	個人情報の流出	プライバシーには十分注意していたとしても、写り込んだ背景などから所在が特定され、ネットストーカーなどの事件につながることが考えられる
②	炎上	ちょっとしたいたずら心の投稿から、多くの批判や誹謗中傷（ひぼうちゅうしょう）などのコメントが集中。内容によっては、法的な問題に発展する可能性もある
③	誘導	利用者のタイムライン上に表示される、偽の投稿や広告などをクリックしたことで、マルウェアの感染やアカウントの乗っ取りなどが実際に起こっている

企業に対する危険性

SNSを利用する企業にも危険性があります。特に企業のブランドイメージを大きく損なうことに注意が必要です。

No.	事例	危険性
①	従業員による投稿	個人アカウントによるSNS利用は、会社が強制的に制限などできない。人事や給与に対する不平不満から、感情的に社内事情を暴露してしまうこともある
②	顧客による投稿	良いクチコミの情報は、企業に大きなメリットをもたらすが、ネガティブな投稿は、事実と違ったことが拡散しやすく、レピュテーションリスク（風評リスク）につながりやすい

SNSによるリスクを再認識

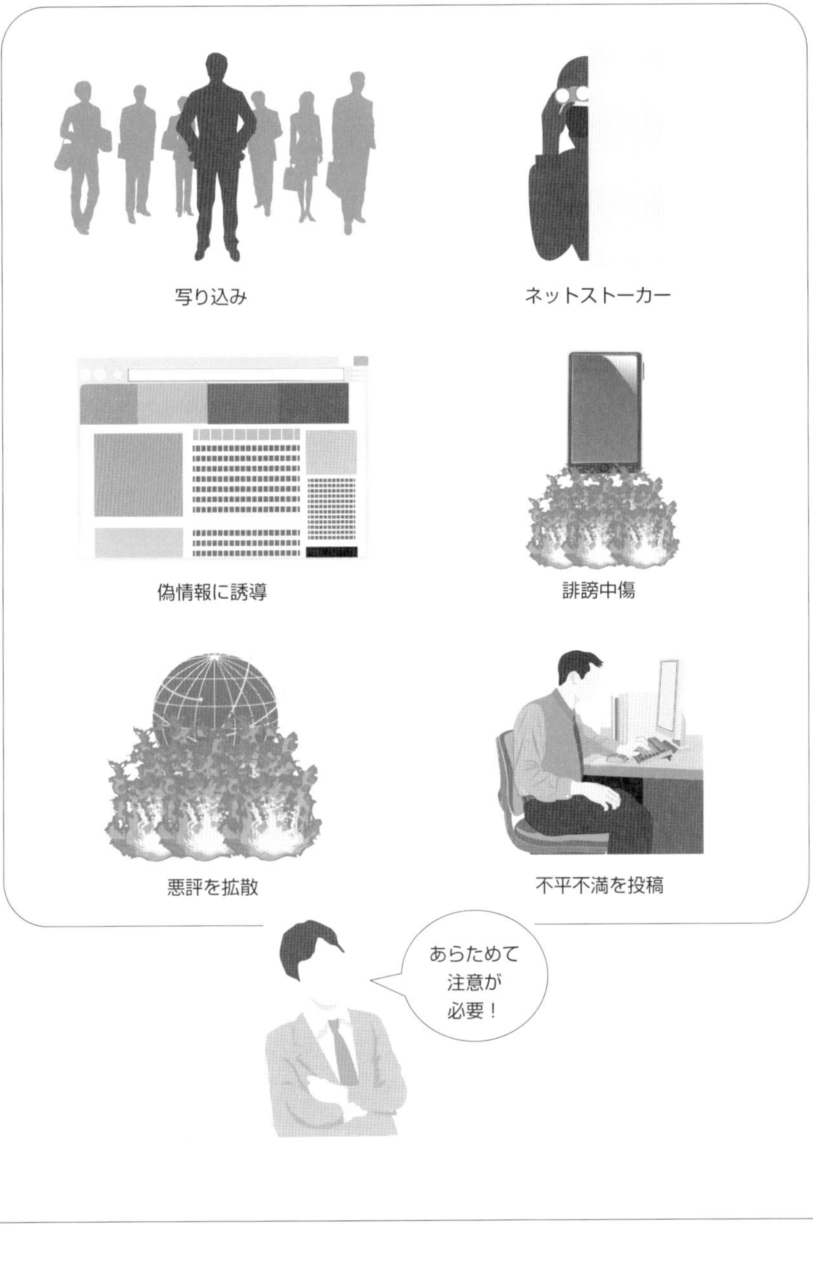

2-14

インフラを狙うサイバー攻撃

重要インフラがサイバー攻撃のターゲットになると、及ぼす被害は甚大です。重要インフラ事業者によるセキュリティ強化はもちろんですが、日本全体としてのセキュリティ向上も必要です。

重要インフラとは

重要インフラは、社会基盤として、ほかのもので代替することが著しく困難なサービス提供などのことです。それが利用できなくなると、国民生活や社会活動に多大なる影響が及びます。

国の定義では、情報通信、金融、航空、空港、鉄道、電力、ガス、政府･行政サービス（地方公共団体を含む）、医療、水道、物流、化学、クレジット、石油の14分野が該当します。これら分野の事業者は、**サイバーセキュリティ基本法**＊により、サイバーセキュリティの確保が求められているのです。

重要インフラが狙われると

すでに石油パイプラインや病院を狙った事例で説明しましたが、サイバー攻撃によって重要インフラの施設やサービスが停止すれば、深刻な被害につながります。

従来のサイバー攻撃というと、情報窃取など窃盗犯（せっとうはん）のイメージが強いはずです。それが重要インフラになると、テロリストや他国家による破壊工作などが視野に入ってきます。少なからず、国家安全保障といったことにも関わってくるのです。

重要インフラを守るには

もちろん、重要インフラ事業者のセキュリティ強化は必要です。ただし、サプライチェーン攻撃のように、取引先企業などを踏み台にした手口も十分考えられます。重要インフラを守るには、日本全体を構成するサプライチェーンに対して、セキュリティの底上げが求められるのです。

＊**サイバーセキュリティ基本法**　2014年に成立し、2015年1月から施行。5-20節「関連法令の遵守」を参照。

日本全体で重要インフラを守る

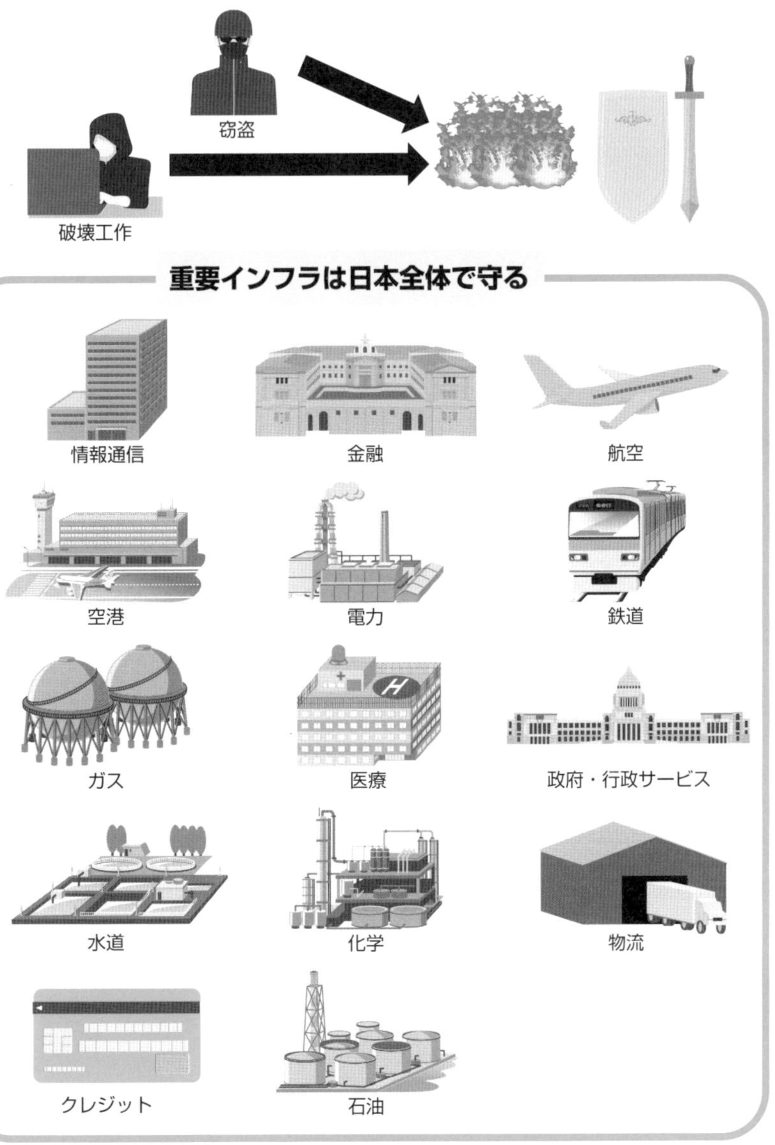

2-15

サイバー兵器

サイバー攻撃は、その目的しだいで兵器に変わります。「原子力発電所がサイバー兵器で爆発！」なんて考えるだけで末恐ろしいですが、すでに日本もサイバー戦時下になっているのかもしれません。

サイバー攻撃が兵器化

サイバー攻撃が軍事目的で行われると、兵器化します。これは、兵器のデジタル化といえるかもしれません。ミサイル攻撃で発電所を直接破壊するのと、サイバー攻撃で制御不能にして爆発させるのと、大きな違いはないのです。ただし、ミサイルはどこから飛んできたのかわかりますが、サイバー攻撃では主犯がはっきりしません。

こうしたことから、**サイバー兵器**を用いたサイバー戦争では、今が戦時下なのかどうかもよくわからないのです。もしかすると、日々サイバー攻撃を受けている中で、すでに戦争が始まっているのかもしれません。

始まりはStuxnetマルウェア

Stuxnet（スタックスネット）は、世界初のサイバー兵器と呼ばれるマルウェアです。2010年9月に、イランの核施設を攻撃しました。ウラン濃縮用の遠心分離機を制御するコンピュータのプログラムが改ざんされ、同年11月に約8,400台の遠心分離機すべてが停止。施設が操業できない事態になったのです。

後年、Stuxnetはイランの核開発を遅らせることを目的にした、米国とイスラエルによるサイバー兵器だと報道されました。2019年には、Stuxnet研究で著名な米国のセキュリティジャーナリストがその全貌（ぜんぼう）を調査結果で明らかにしています。

核施設内にある制御システムの構成などを綿密に調査し、Windowsに潜在する複数の脆弱性を利用したり、自己を隠蔽して発見を困難にしたり、システムの異常を示すアラームを隠したりと、非常に高度な手口が使われました。今でいう「APT攻撃の先駆け」とも言われたのです。

サイバー攻撃が兵器化する

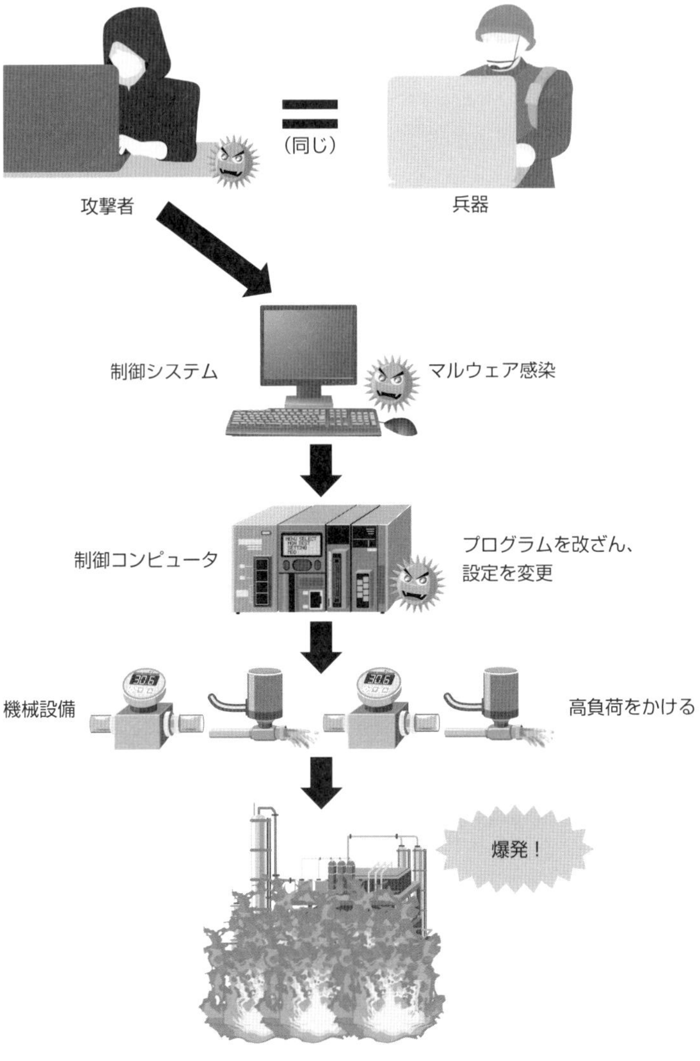

COLUMN 情報セキュリティ10大脅威

情報処理推進機構（IPA）では、社会的に影響が大きかったと考えられる情報セキュリティの事案から、個人と組織向けに分けて脅威を順位付けし、毎年トップ10を公表しています。本書執筆時の2023年におけるランキングは、それぞれ次の通りです。

前年順位	個人	順位	組織	前年順位
1位	フィッシングによる個人情報等の詐取	**1位**	ランサムウェアによる被害	1位
2位	ネット上の誹謗・中傷・デマ	**2位**	サプライチェーンの弱点を悪用した攻撃	3位
3位	メールやSMS等を使った脅迫・詐欺の手口による金銭要求	**3位**	標的型攻撃による機密情報の窃取	2位
4位	クレジットカード情報の不正利用	**4位**	内部不正による情報漏えい	5位
5位	スマホ決済の不正利用	**5位**	テレワーク等のニューノーマルな働き方を狙った攻撃	4位
7位	不正アプリによるスマートフォン利用者への被害	**6位**	修正プログラムの公開前を狙う攻撃（ゼロデイ攻撃）	7位
6位	偽警告によるインターネット詐欺	**7位**	ビジネスメール詐欺による金銭被害	8位
8位	インターネット上のサービスからの個人情報の窃取	**8位**	脆弱性対策情報の公開に伴う悪用増加	6位
10位	インターネット上のサービスへの不正ログイン	**9位**	不注意による情報漏えい等の被害	10位
圏外	ワンクリック請求等の不当請求による金銭被害	**10位**	犯罪のビジネス化（アンダーグラウンドサービス）	圏外

圏外：昨年はランクインしなかった脅威

「情報セキュリティ10大脅威 2023」解説書（2023年2月下旬公開予定）の中で、脅威の影響と必要な対策を説明しています。情報セキュリティ脅威の最新動向を把握するのにうってつけです。

▼出所：情報セキュリティ10大脅威 2023

```
https://www.ipa.go.jp/security/vuln/10threats2023.html
```

第3章

サイバー攻撃の仕組みとその対策

攻撃者は、どのような手口で攻めてくるのでしょうか。ソフトウェアの欠陥を技術的に悪用する手法や、非常に巧みな心理作戦まで仕掛けてきます。第３章では、それらの内容について説明します。

3-1

攻撃者の動機

攻撃者は、どのような動機を持ってサイバー攻撃を行うのでしょうか？　すでに攻撃の事例で愉快犯や金銭目的などについて触れましたが、ここであらためて攻撃者の動機について取り上げます。

その多くは金銭目的

サイバー攻撃の主な**動機**として、次の４つが挙げられます。

❶興味本位

インターネットの黎明期など、パソコンに詳しい個人が少し調べて勉強すれば、簡単に企業や個人を攻撃できるような時代がありました。攻撃者の多くは、「注目を集めたい」といった、自己顕示欲を満たすために攻撃を仕掛けるようになります。

❷ハクティビズム

ハクティビズムは、アクティビズム（積極行動主義）とハッキングを組み合わせた造語です。主に政治的な意思表示や政治目的の実現のために攻撃を行います。ハクティビズムの活動家やグループは、**ハクティビスト**と呼ばれます。

❸金銭目的

現在では、金銭を要求するためのサイバー攻撃が大半を占めます。窃取したデータの公開停止との引き換えや、**ランサムウェア**の感染で暗号化したデータの復元に対する身代金要求などを行います。また、詐欺や不正取引、個人情報などの転売、ビジネスとして攻撃を請け負うなど、お金の稼ぎ方はいろいろです。

❹サイバーテロリズム

政治的、宗教的、もしくは特定のイデオロギー（思想）に基づいて、特定の政府や社会に対して甚大な影響を及ぼす攻撃を行います。

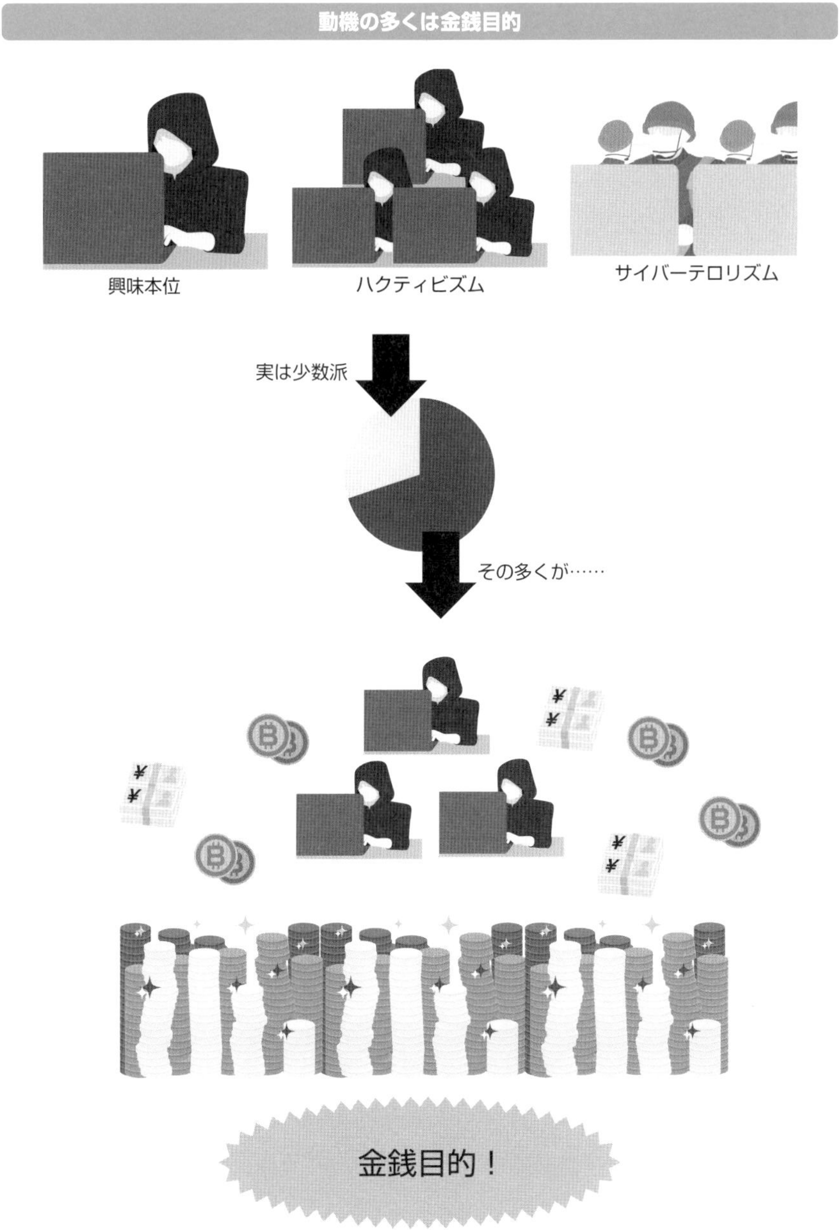
動機の多くは金銭目的
興味本位
ハクティビズム
サイバーテロリズム
実は少数派
その多くが……
金銭目的！

3-2 攻撃者の種類

攻撃者となるのは、いたずら心で攻撃を行う個人や本格的な犯罪集団など様々です。また、ハッカーというと悪者のイメージがしますが、正義のハッカーも世の中には存在します。

大きな攻撃力を持つのは専門集団

主な**攻撃者**の種類として、次の４つを説明します。

❶ハッカー

本来は、コンピュータ・ネットワークの知識によって、技術的な課題を解決する人を示します。犯罪者のイメージが強いと思いますが、必ずしもそうではないのです。特にサイバー攻撃を防ぐために知識を活かす人たちを**ホワイトハッカー**と呼びます。

❷クラッカー

そうしたハッカーの中でも、高度なスキルを悪事に利用する者が**ブラックハットハッカー**であり、**クラッカー**ともいいます。一般的には、こちらを単にハッカーと呼ぶことが多いため、本書でもそのように用語を扱います。

❸サイバー犯罪組織

高い技術と豊富な資金を持ち、組織的に犯罪活動を行う専門集団です。また、国家が金銭面で下支えをする国家支援組織や産業スパイ、ハクティビスト集団なども存在します。その技術力や資金力により、攻撃力も大きくなります。

❹個人

趣味や知的好奇心、技術検証などで迷惑行為をする愉快犯や、悪意を持って攻撃を犯す個人がいます。スクリプトキディ*と呼ばれる他人が作ったツールなどを利用して攻撃を試みる者の中には、未成年者も多く含まれています。

＊**スクリプトキディ**　スクリプト（Script）は「簡易なコンピュータプログラム」、キディ（Kiddie）は「子供」を意味する。技術レベルの低いクラッカーを指す用語として使われることが多い。

様々な攻撃者

ハッカー
善
悪
ホワイトハッカー
ブラックハットハッカー
クラッカー
一般的には
こちらをハッカーと
呼ぶ
サイバー犯罪組織
国家支援組織
ハクティビスト集団
個人
愉快犯
スクリプトキディ

3-3

標的型攻撃

サイバー攻撃は、不特定多数を狙ったものから、特定のターゲットを絞った攻撃へと移っています。明確なゴールを定め、周到な準備と巧みな手口により攻撃のレベルが各段に高まっているのです。

標的型攻撃とは

標的型攻撃は、明確な目的によって特定の企業や組織、個人をターゲットに狙う攻撃です。現在では、不特定多数にマルウェアをばらまくような攻撃から、標的型攻撃へのシフトが進んでいます。また、従来は府省庁や大手企業が標的型攻撃の中心でしたが、今では地方公共団体や中小企業などに対象が広がっています。

標的型攻撃の中でも、ターゲットの緻密な調査と入念な準備を行い、長期間に渡って高度で執拗な攻撃を繰り返すものを**APT攻撃**と呼びます。

グローバルなセキュリティの界隈では、APT攻撃を行う特定のサイバー犯罪組織を、「APT＋数字」で呼称しています。たとえば、イランに拠点を置くハッカー組織APT33（Elfin（エルフィン） Team（チーム））や、ロシアのAPT29（Cozy（コージー） Bear（ベア））、北朝鮮のAPT38（Lazarus（ラザルス） Group（グループ））などがあり、ニュースなどの報道ではこの名で呼ばれることもあります。

APT攻撃の特徴

APT攻撃の例では、まずターゲット企業の担当者へ非常に巧妙な標的型メールを送付します。担当者がメールの添付ファイルをうっかりクリックすることで、バックドアプログラムが起動して外部の指令サーバーとの通信を確立します。

その後、攻撃者は発見されないように遠隔から攻撃を進めます。その期間は、数ヶ月から数年という期間に渡る場合もあります。最終的な目的が達成できると、攻撃者は痕跡（こんせき）を消すためにシステムのログファイルなどを消去して攻撃を終了します。

このようにAPT攻撃は、いくつかの段階を踏んで進みます。これらを構造化して整理したものが**サイバーキルチェーン***であり、次節で説明します。

***サイバーキルチェーン**　キルチェーン（Kill Chain）は軍事用語で、敵の攻撃の構造を分断・破壊することで、自軍を防御する手法をサイバー攻撃に適用したもの。

ばらまき攻撃から標的型攻撃へのシフトが進む

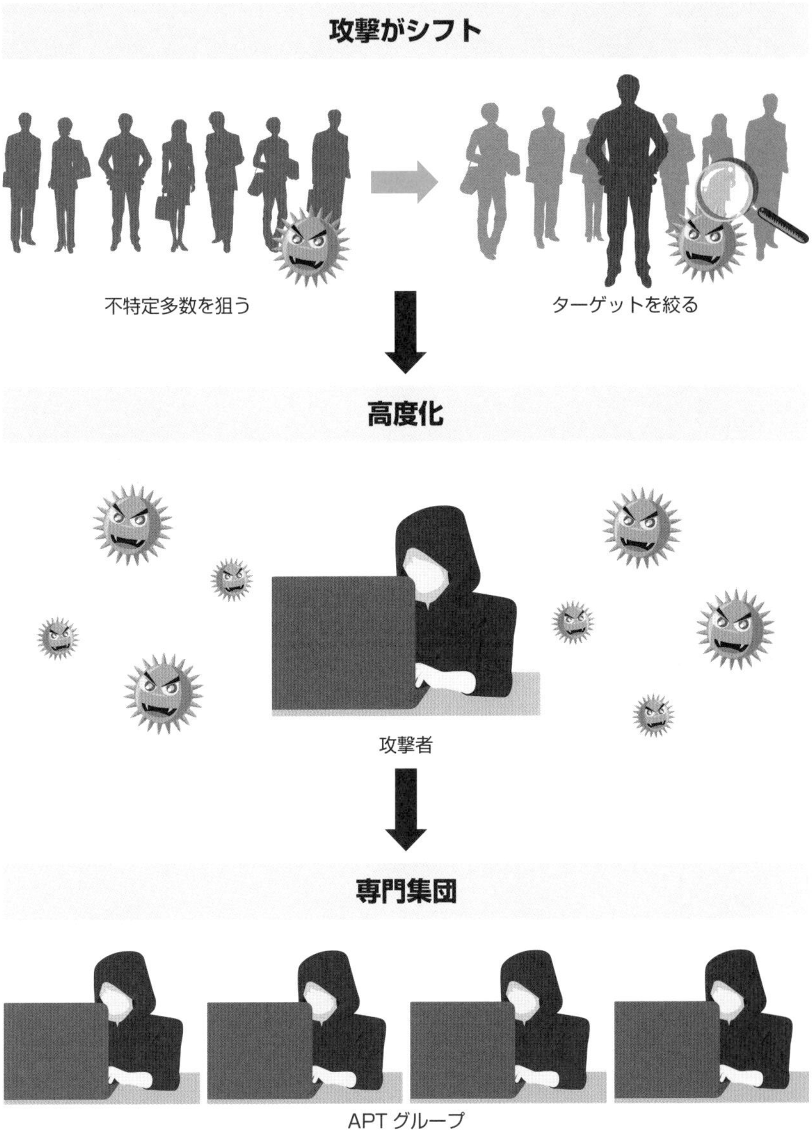

3-4

サイバーキルチェーン（攻撃ステップ）

高度化するサイバー攻撃ですが、実際にはいくつかの段階を踏んで行われます。この行動を分析することで、どのポイントでどのように守るのが効果的なのか、被害を最小化する対策へとつながります。

7つの攻撃ステップ

高度化するサイバー攻撃では、一般的に複数の段階（ステップ）を踏みます。**サイバーキルチェーン**は、攻撃者の行動を７つのステップに分類したものです。

もともと軍事用語として、敵の攻撃構造を分断・破壊することで自軍を防御する「キルチェーン」の考え方がベースとなっています。サイバー攻撃の構造を理解し、効果的な対策を進めるために用いられます。

ステップ	フェーズ	攻撃者の行動
①	偵察	外部ネットワークからの探索や社員のSNS投稿、ダークウェブ*の情報などから、ターゲットの企業や組織を調べる
②	武器化	偵察した結果から、ターゲットに適した攻撃手法を計画し、利用するマルウェアの選定・開発などを行う
③	配送	非常に巧妙な標的型メールなどを用いて、ターゲットへマルウェアを送る
④	攻撃	配送で送り込んだマルウェアの感染によりバックドアを起動し、外部の指令サーバーとの通信を確立する
⑤	インストール	ターゲットのパソコンやサーバーなどを乗っ取り、さらなる攻撃プログラムをダウンロードして実行する
⑥	遠隔操作	外部の指令サーバーからターゲットへ指示を送り、機密情報の窃取や改ざん等の攻撃を繰り返す
⑦	目的達成	目的の攻撃を完了。攻撃の痕跡をわからなくするために、ログの消去などを行う

＊**ダークウェブ**　匿名性が高い仕組みで作られたインターネット上の闇サイトなど。3-24節の「ダークウェブ」を参照。

サイバーキルチェーンの7ステップ

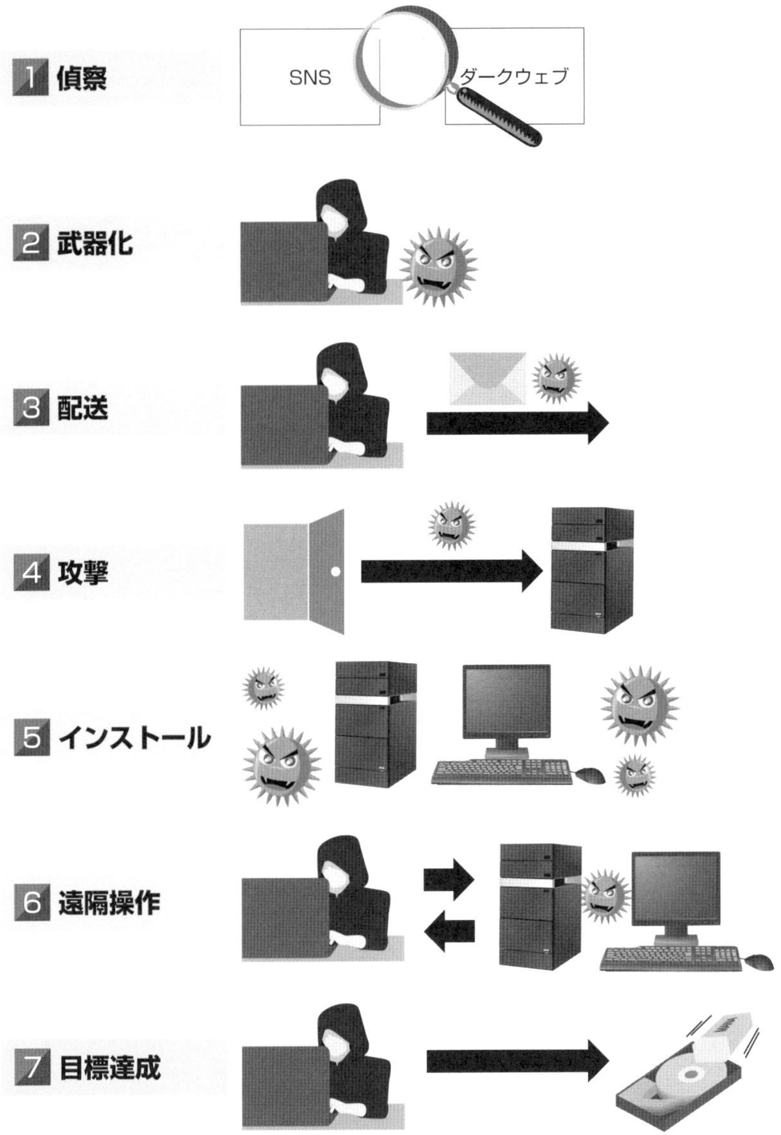

3-5

DDoS攻撃

外部ネットワークから強烈なアタックを仕掛ける手口がDDoSです。有名な検索サイトやECサイト、行政サービスなどが、DDoSでダウンする被害が後を絶ちません。

DDoSとは

DDoSは、Distributed Denial of Service attack（**分散型サービス妨害攻撃**）の略語です。大量のコンピュータ機器から一斉に攻撃を行い、ターゲットのサービスにアクセスしづらい状況を発生させます。Webサービスへ大量のリクエスト*や巨大なデータを送りつけたり、サービスの脆弱性を利用して例外処理（エラーなど）を起こしたりして、サービスを利用不能にします。

2つの攻撃タイプ

DDoSには、大きく**協調分散型**と**分散反射型**の２つのタイプがあります。

❶協調分散型

攻撃者が大量のコンピュータ機器を乗っ取り、それらを踏み台にして一斉にターゲットを攻撃します。第２章のマルウェアMiraiで説明したような、非常に多くのIoT機器をボットネットに感染させ、遠隔から攻撃の指示を出します。

❷分散反射型（リフレクション）

協調分散型では、踏み台となるコンピュータ機器の準備に手間がかかります。それを不要にするのがリフレクションです。

攻撃者はターゲットのサーバーなどになりすまして、インターネット上に公開されている大量のコンピュータ機器（WebサービスやIoT機器など）へ、何らかのリクエストを一斉に送信します。そのリクエストに対するレスポンスがターゲットに返信されるため、攻撃されたのと同じように高負荷をかけることができます。

＊リクエスト　ネットワークやシステム上で一方から他方へ送信される、データや処理を要求するメッセージのこと。

DDoSの2つのタイプ

協調分散型 DDoS

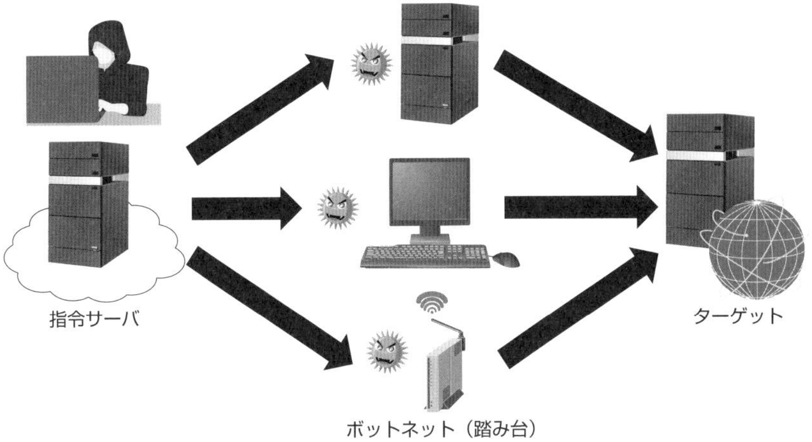

リフレクション DDoS

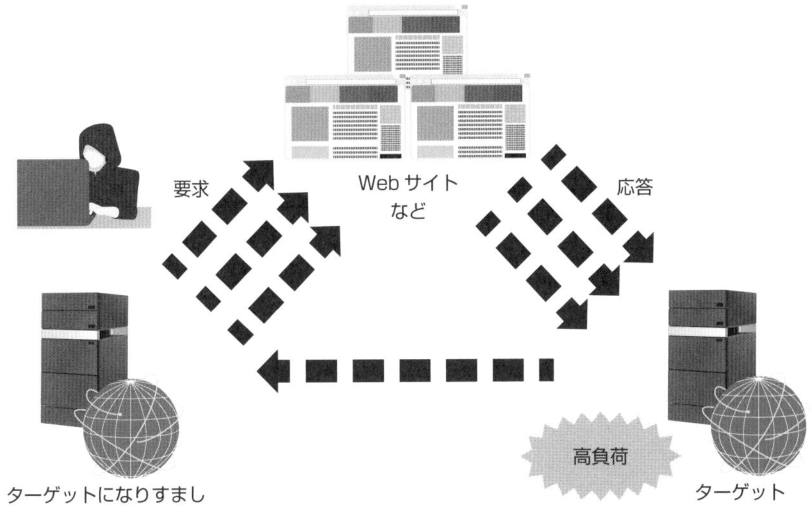

3-6

ソフトウェアの脆弱性悪用

巷では脆弱性を「セキュリティホール」と呼ぶことがあり、攻撃者はこれを悪用します。こうした脆弱性に関する情報は、いち早く対処が可能なようデータベースとして公開されています。

脆弱性とは

脆弱性は本来、「もろくて弱い性質」のことです。これをセキュリティで用いる場合、「ネットワークにおける安全上の欠陥（**セキュリティホール**）」を示します。ただし、実際に脆弱性が生じるのは、OSやアプリケーションなどのソフトウェア（プログラム）に対してです。そのため、ソフトウェアの不具合や設計上のミスが原因で発生した情報セキュリティ上の欠陥を総じて脆弱性と呼ぶことが多いのです。

脆弱性に関する情報は、**脆弱性情報データベース**として、広く一般に公開されています。日本では、JPCERT（ジェーピーサート）コーディネーションセンター*と情報処理推進機構*が共同で管理しているJVN*で、脆弱性情報を確認できます。ここで公開される情報は、悪意のある第三者などに悪用されないよう、その対処方法（セキュリティパッチの提供など）が整ったものに限られます。

脆弱性を悪用されると

脆弱性の悪用とは、どのようなことなのでしょうか。代表的な脆弱性の悪用にDoS*があります。ネットワークから特定の通信パケットを受信すると、不具合を起こしてソフトウェアが異常終了することです。

また、深刻な脆弱性の1つが権限*昇格です。ソフトウェアに不具合を起こさせて、一般利用者のアクセス権から不正に管理者権限へ移る（上がる）ことができます。その高い権限を使って、本来禁止されているアプリケーションを起動したり、秘匿データにアクセスしたりするのです。

このような脆弱性を悪用した攻撃については、この後に説明をしていきます。

---

* **JPCERTコーディネーションセンター**　2003年3月設立の一般社団法人。JPCERTは「Japan Computer Emergency Response Team」の略。
* **情報処理推進機構**　2004年1月設立の独立行政法人。英語ではInformation-technology Promotion Agency, Japanと表記し、略称はIPA。

JVN脆弱性情報データベース

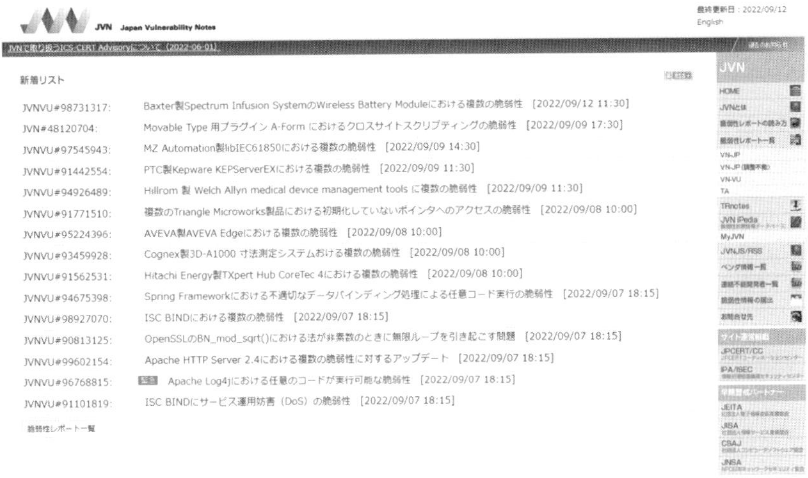

出所　https://jvn.jp/

脆弱性の悪用

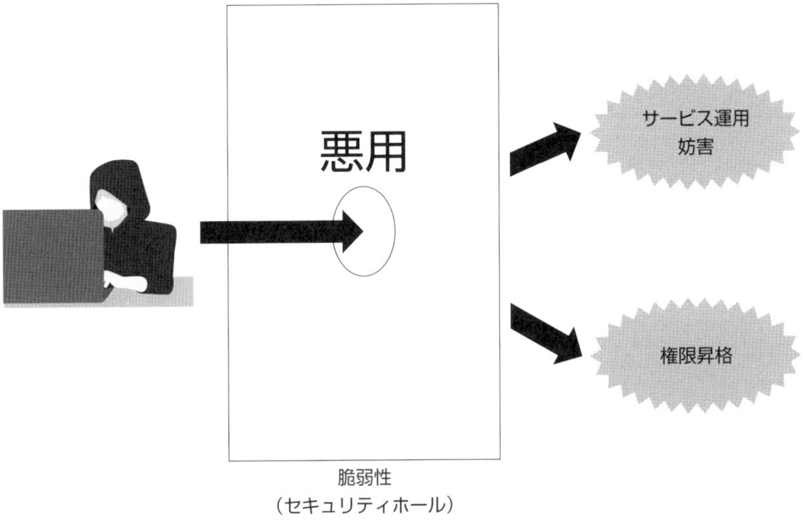

＊ **JVN**　情報セキュリティ対策に資することを目的とする脆弱性対策情報ポータルサイト（https://jvn.jp/）。JVN は、Japan Vulnerability Notes の略。

＊ **DoS**　サービス運用妨害。Denial of Services の略。

＊ **権限**　システムの利用者に許可された操作内容のこと。管理者権限は、システムの管理を行うためのもので、システムの設定や変更がすべて可能になる。

3-7

ランサムウェアの特徴

サイバー攻撃は、重要な情報を盗み出す窃盗犯から、コンピュータ機器を使えなくする破壊工作へと変わっています。その引き金となったのが、ランサムウェアによる攻撃です。

ランサムウェアとは

ランサムウェアは、身代金を意味する「Ransom」と「Software」を組み合わせた造語で、マルウェアの一種です。ランサムウェアに感染すると、パソコンやサーバーのディスクドライブが**暗号化**され、保存しているデータファイルなどにアクセスできなくなります。攻撃者は、**復号***を引き換えに、身代金を要求するのです。

たとえ身代金を払ったとしても、元に戻る保証はありません。感染したパソコンやサーバーが使えなくなり、壊されたのと同じダメージを受けます。従来のマルウェア感染では、情報窃取といった窃盗被害が中心でした。それがランサムウェアになると、感染による破壊工作へと変わります。

世界を一斉に襲ったWannaCry

WannaCry（ワナクライ）は、2017年5月上旬から大規模な感染を広げたランサムウェアです。世界の約150か国、23万台以上のコンピュータ機器に感染し、身代金として暗号通貨であるビットコインを要求しました。

WannaCryは、WindowsがファイルI共有などで利用するSMB*という通信プロトコルの脆弱性を悪用しました。**ワーム***という自身を複製して他のコンピュータに拡散するマルウェアの性質を併せ持ち、大規模な感染拡大につながったのです。

マイクロソフト社は、2017年3月14日時点でこの脆弱性に対するセキュリティパッチを公開していました。しかしながら、このセキュリティパッチを適用していないパソコンやサーバーの多くが被害を受けたのです。

日本では、ゴールデンウィークの連休明けに被害を受けた企業のニュースが相次ぎました。

---

* **復号**　元の状態に戻すこと。
* **SMB**　ファイル共有やプリンタ共有などに使用される通信プロトコル(通信規約)。Server Message Blockの略。
* **ワーム**　マルウェアの1つ。自己複製機能を持ち、単独で行動できる特徴を持つ。ワーム（Worm）は「虫」（うねるタイプの虫）の意。

ランサムウェアによるサイバー攻撃

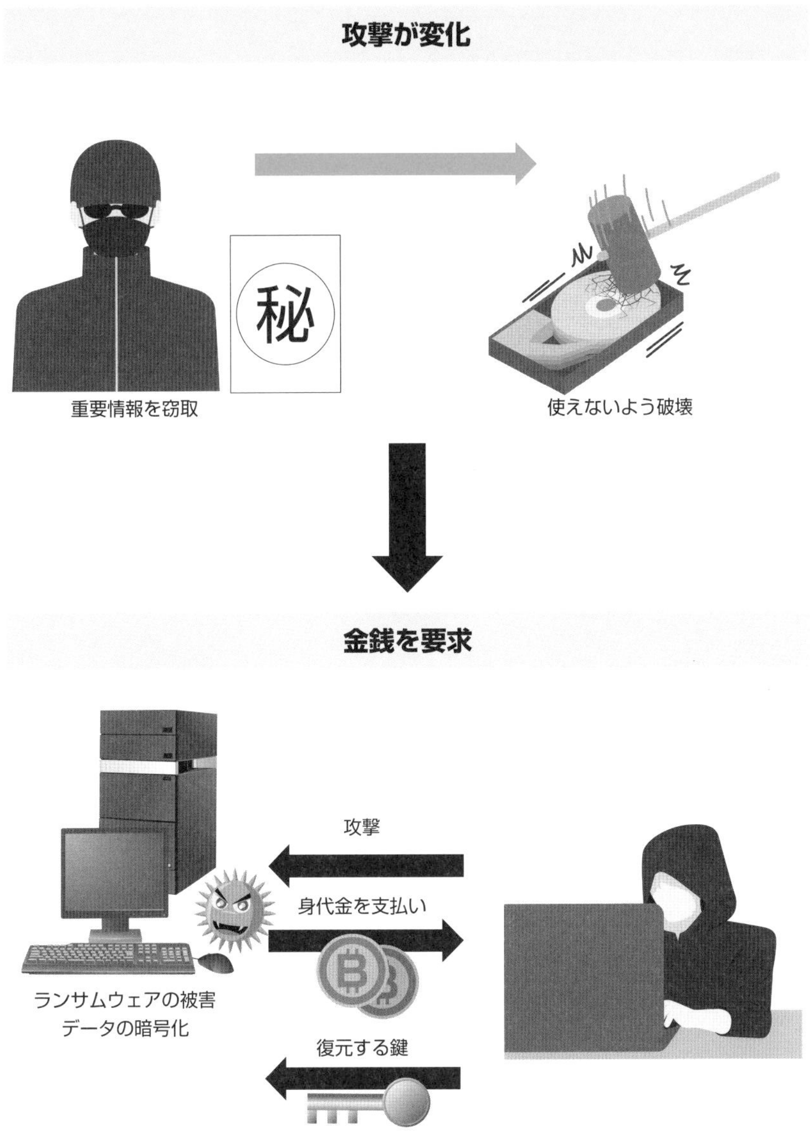

3-8

バッファオーバーフロー

プログラムの欠陥を突く攻撃の1つがバッファオーバーフローです。プログラムが外部からデータを入力する処理に問題があると、不正なデータを上書きされて誤動作を起こします。

バッファオーバーフローとは

バッファオーバーフローは、ソフトウェアを構成するプログラムの内部に確保したメモリ領域（**バッファ**）をオーバーフローさせます。ソフトウェアの誤動作で実行中のプログラムが強制停止したり、悪意のあるプログラムが実行されたり、管理者権限が乗っ取られたりといった攻撃に発展する可能性があります。

主にC言語*やC++*といったプログラミング言語が対象となり、1970年代からバッファオーバーフローによる脆弱性の指摘が始まりました。1980年代後半には、実際にUNIX（ユニックス）*のOSサービスであるfinger（フィンガー）*を狙った攻撃が見つかっています。現在においても、DoSやコマンドインジェクション*と並んで、攻撃につながる脆弱性が多く報告されています。

攻撃の仕組み

コンピュータがプログラムを実行する際には、いくつかのメモリ領域を使用します。ここでは、そのうちのスタック領域（一時領域）をオーバーフローさせる例で説明します。

C言語では、それぞれの処理を**関数**というルーチン（まとまり）に分けてプログラミングします。たとえば、main関数とsub関数があり、mainからsubを呼び出します。そしてsubが終了すれば、呼び出し元のmainへ戻ります。

ここで、sub関数の中にあるデータ入力処理に不具合があるとします。攻撃者は、これを悪用して「不正処理のコード」の書き込みに加え、バッファを超えた「mainへの戻り先」を「不正処理の実行先」へと上書きします。これでsubからmainに戻るのではなく、不正処理のコードを実行させることができるのです。

---

* **C言語**　1973年に発表されたプログラミング言語。移植性を高めることを目的に開発された。
* **C++**　1983年に発表されたプログラミング言語。C言語を進化させた言語。
* **UNIX**　サーバーOSの始祖とも言えるOS。1969年に米AT&Tベル研究所で誕生。

バッファオーバーフローのイメージ

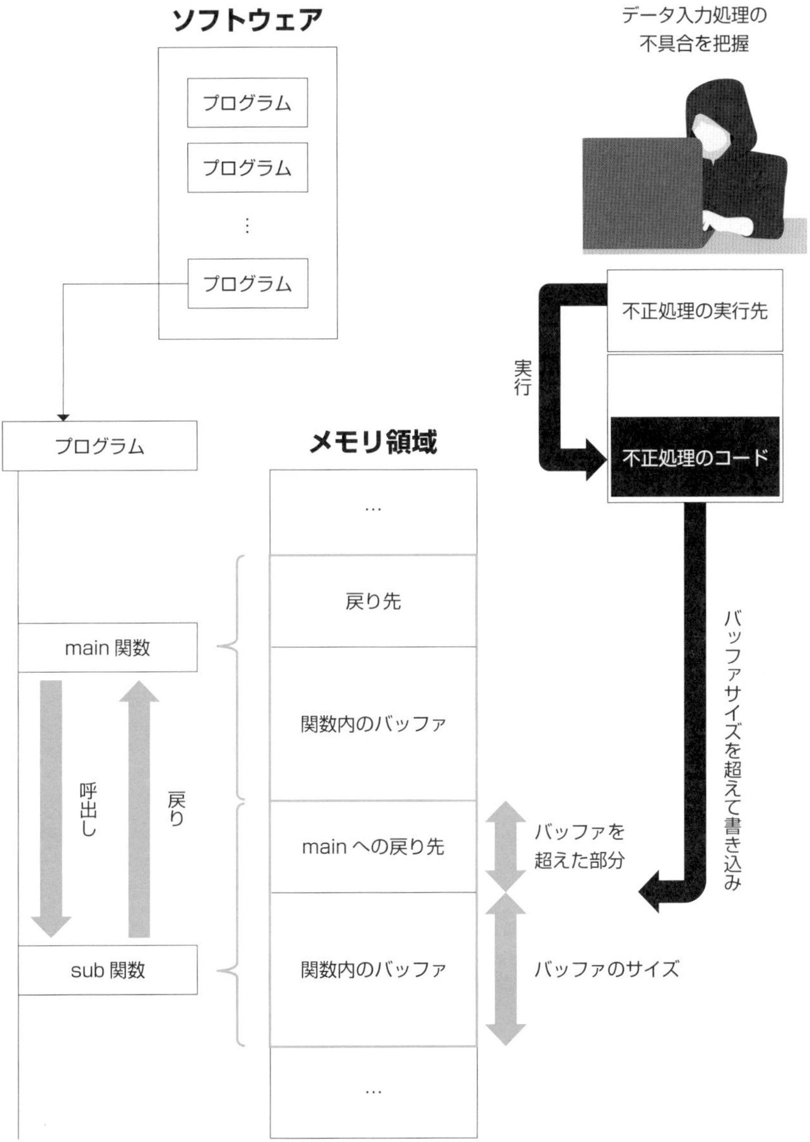

＊ **finger**　ネットワーク上の特定の利用者に関する情報を知ることができる通信プロトコル。
＊ **コマンドインジェクション**　3-13 節「コマンドインジェクション攻撃」を参照。

3-9

パスワードリスト攻撃

一個人が利用するインターネットサービスの数は、増加の一途をたどっています。ログイン時のパスワードを使い回すことが多いと、漏洩したIDとパスワードのアカウント情報が悪用されてしまいます。

パスワードリスト攻撃とは

パスワードリスト攻撃は、インターネット上のオンラインサービスなどに不正ログインする攻撃の1つです。不正ログインのために、パスワードリスト*を利用します。

従来の不正ログインでは、可能なパスワードの組み合わせをすべて試す**ブルートフォース攻撃***や、あらかじめ候補となる単語などを登録した辞書（データベース）を用いる**ディクショナリアタック***が主流でした。しかし、非常に多くの試行を繰り返す必要があるためとても非効率です。セキュリティ対策により、一定回数のログイン失敗でアカウントがロックされることもあります。

パスワードリストは、ダークウェブで購入したり、セキュリティが脆弱なサイトをハッキングして入手できたりします。利用者は複数のオンラインサービスで、同一のIDとパスワードを使い回すことが多いため、容易に不正ログイン成功につながるのです。

攻撃を防ぐには

利用者側の対策としては、（あたり前のことになりますが）同じパスワードを使い回さないことです。しかしながら、数多くのサービスを利用すればするほど、現実的に難しくなります。また、覚えられずにメモしたパスワードが漏洩すれば、本末転倒になってしまいます。

サービス提供者側の対策としては、携帯電話のSMS*を利用した二段階認証などにより、ログイン機能を強化することです。また、IPアドレス*などのアクセス情報から不正なログインを検知するといった対策ツールの活用も有効です。

＊**パスワードリスト**　IDとパスワードがセットになったリスト。

＊**ブルートフォース攻撃**　「総当たり攻撃」とも呼ばれる。いくつかの方法があり、最も単純なのは、パスワードの文字を1字ずつ変えながら手当たり次第に試して、一致する文字の組み合わせを割り出そうとする方法。

パスワードリスト攻撃のイメージ

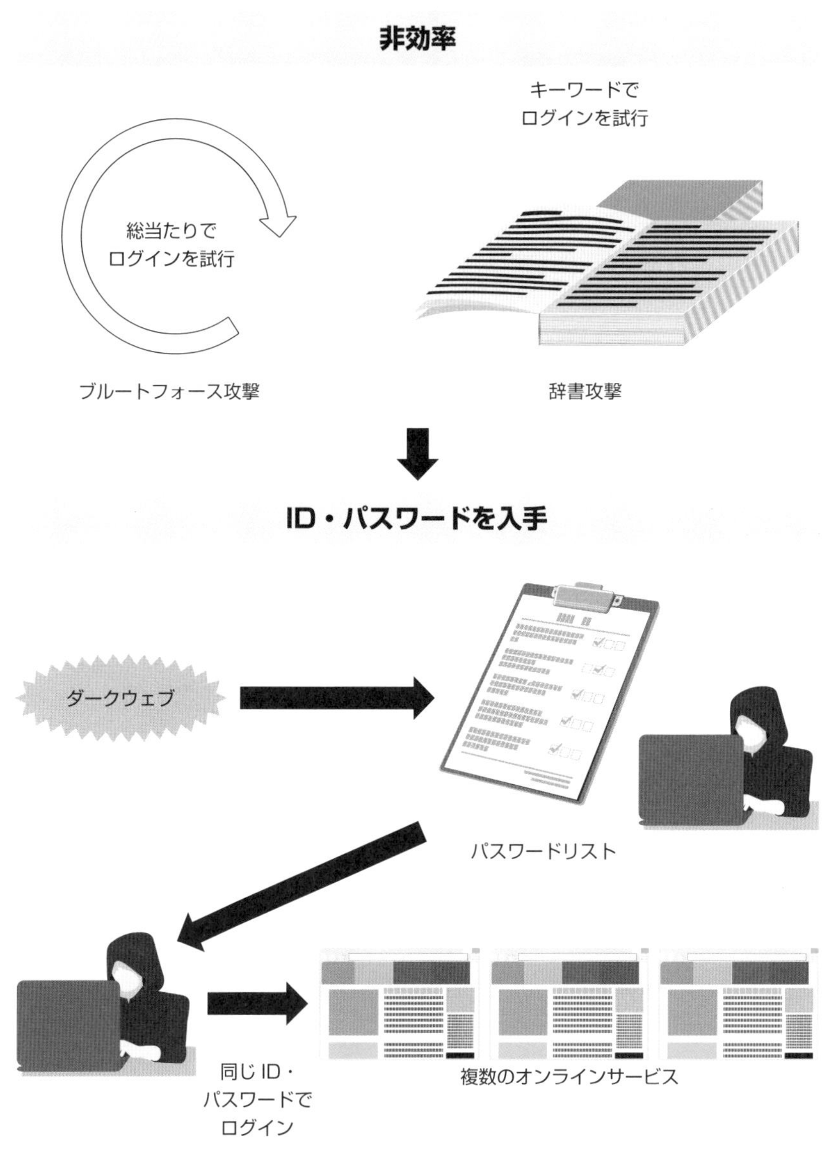

---

* **ディクショナリアタック** 「辞書攻撃」とも呼ばれる。辞書や人名事典など、意味のある単語を使ってパスワードを割り出そうとする方法。

* **SMS** ショートメッセージサービス（Short Message Service）の略。

* **IPアドレス** ネットワークにつながっているコンピュータを識別する番号。ネットワーク上の住所のようなもの。

3-10 パスワードハッシュ攻撃

複数のパソコンを保守するシステム管理者のパスワードが、すべて同じ設定になってはいませんか？　1台のパソコンがセキュリティ侵害を受けると、すべてのパソコンが不正ログインされる可能性があります。

パスワードハッシュとは

WindowsのOSにログオンする際に入力する**パスワード**ですが、入力した値がそのまま認証で使われるわけではありません。パスワードは、**ハッシュ**というアルゴリズム*を使い、ランダムに見える固定長*のハッシュ値に変換されます。ハッシュ値は、元の値に対して一意*の値となりますが、ハッシュ値から元の値に戻したり、元の値を推測したりすることができません。

パスワードの値をそのまま取り扱うのは危険なので、OSの内部ではハッシュ値に変換したものを用います。この変換した値がパスワードハッシュです。Windowsでは、ローカル環境での認証を可能にするため、レジストリ*にパスワードハッシュを保持しています。

どのように攻撃されるのか

たとえば、Windowsのシステム管理者として、デフォルトの「Administrator（アドミニストレーター）」というアカウント名を使うことがあります。複数のパソコンの管理を容易にするため、同じ値のパスワードを設定することも多いはずです。

そして、このうちの1台が不正侵入され、管理者権限などの高いアクセス権が奪われたとします。この権限を使えば、レジストリにアクセスしてパスワードハッシュを窃取できます。攻撃者がAdministratorのパスワードハッシュを入手すると、同じシステム管理者のアカウントで設定されているパソコンすべてに対して、Administratorで不正ログインすることが可能になるのです。

このパスワードハッシュを窃取して不正アクセスする攻撃を**Pass the Hash（パス ザ ハッシュ）攻撃***と呼び、多くのサイバー攻撃で使われています。

＊**アルゴリズム**　特定の問題を解いたり、目標を達成したりするための計算手順や処理手順。
＊**固定長**　データや領域などの大きさや個数が決まっていて変化しないこと。
＊**一意**　意味や値などが重複せず、1つに決まっていること。

Pass-the-Hash攻撃のイメージ

＊ **レジストリ**　OS のシステム設定情報。
＊ **Pass the Hash 攻撃**　「Pass the-Ticket 攻撃」とも呼ばれる。

3-11

フィッシング攻撃

サイバー攻撃で用いられる詐欺の手口はいろいろです。偽装が巧妙となり判別するのが難しくなっています。攻撃者は手を変え品を変え攻めてくるため、決定打となる対策がなかなか見つかりません。

▶▶ フィッシングとは

フィッシング（phishing）は詐欺行為の1つで、fishing（釣る）のfがphに置き換えられた造語です。なぜphなのかは、phreaking（不正に無料で長距離電話をかける）やpassword harvesting（収穫）、sophisticated（洗練された手口）などの諸説があるようです。

被害が出始めた2000年代初頭では、注意すれば攻撃に気づける怪しい感じがありました。それが今では、非常に巧妙で判別が難しい手口へと変わっています。

たとえば、クレジットカード会社や銀行からの「重要なお知らせ」と題したEメールを送り、巧みな本文内容で記載したURLをクリックさせます。「システム障害が発生したため、取引に問題がないかログインして確認してください」といったものです。そして、本物そっくりの偽Webサイトへ誘導し、IDやパスワードなどを入力させて盗みます。

▶▶ 被害を防ぐには

個人にできる対策としては、とにかくメールに記載されたURLを安易にクリックしないことです。正しいドメイン名に見えても、アルファベットのo（オー）が0（ゼロ）に、l（エル）が1（イチ）に変わっていることだってあるからです。

また、インターネットバンキングへのログインや、クレジットカード番号などの重要な情報の入力画面では、必ずSSL*といった暗号化技術が使われています。Webブラウザの URL表示部分が「https://*」で始まるアドレスになっていない、またはURLの先頭に鍵マークが表示されていない場合は、アクセスを中止してください。

---

* **SSL** インターネット上でデータを暗号化して送受信することで、盗聴やなりすましなどを防ぐ仕組み。Secure Sockets Layer の略。

フィッシング攻撃のイメージ

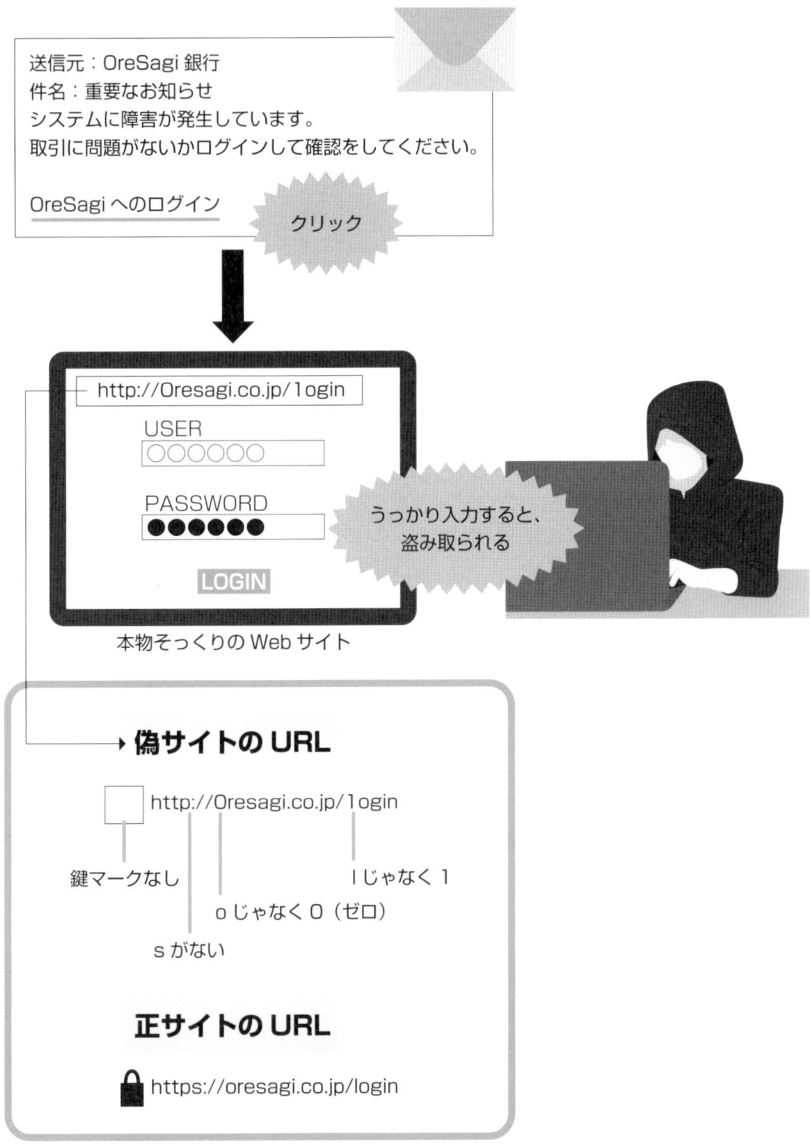

＊ **https://**　通常の URL は「http」から始まるが、末尾にセキュアを表す「s」が追加された「https」となっている場合、データのやり取りがセキュアな状態（暗号化）で通信されていることを示す。

3-12

スクリプト攻撃

スクリプト攻撃は、Webサイトの脆弱性を悪用して不正なスクリプトを実行させます。その攻撃の中でも、従来から多くのインシデントを引き起こしてきたのが「クロスサイトスクリプティング」と「SQLインジェクション」です。

クロスサイトスクリプティングとは

Webアプリケーション*は、Web画面（Webページ）の入力内容などから次に遷移するWebページを動的に生成します。この処理に脆弱性があると、Webページに不正なスクリプト*を埋め込んでしまうことがあります。

クロスサイトスクリプティングは、脆弱性のあるWebサイトをまたいで（クロスして）、不正なスクリプトを埋め込み、利用者に実行させる攻撃です。不正なスクリプトの実行によって情報窃取などいろいろな被害につながります。

特に大きな問題となるのは、Cookie（クッキー）が窃取されたり、書き換えられたりすることです。Cookieとは、アクセスしたクライアント（Webブラウザ）側にサーバーが保存しておく特別な情報です。たとえば、Cookieに保存された通信のセッション情報*が悪用されると、通信がハイジャックされる恐れがあります。

SQLインジェクションとは

データベースを不正に操作する**SQLインジェクション**もスクリプト攻撃の1つです。SQLインジェクションにより、ECサイトのデータベースに保存する大量の個人情報（名前、住所、クレジットカード情報など）が漏洩するといった深刻な事件が発生しています。

SQLインジェクションでは、Webページの入力内容に不正なSQL文*を注入します。Webアプリケーションは、Webページに入力された内容をもとに、バックグラウンドのデータベースにアクセスするSQL文を生成します。ここに脆弱性（入力内容のチェック漏れなど）があると、誤ったSQLを作って想定外のデータ検索や更新、削除などを行ってしまうのです。

---

* **Webアプリケーション**　Webサイトのアプリケーションのこと。Webページと異なり、インタラクティブ（双方向）なサービスを受けることができる。
* **スクリプト**　簡易プログラムのこと。

クロスサイトスクリプティングのイメージ

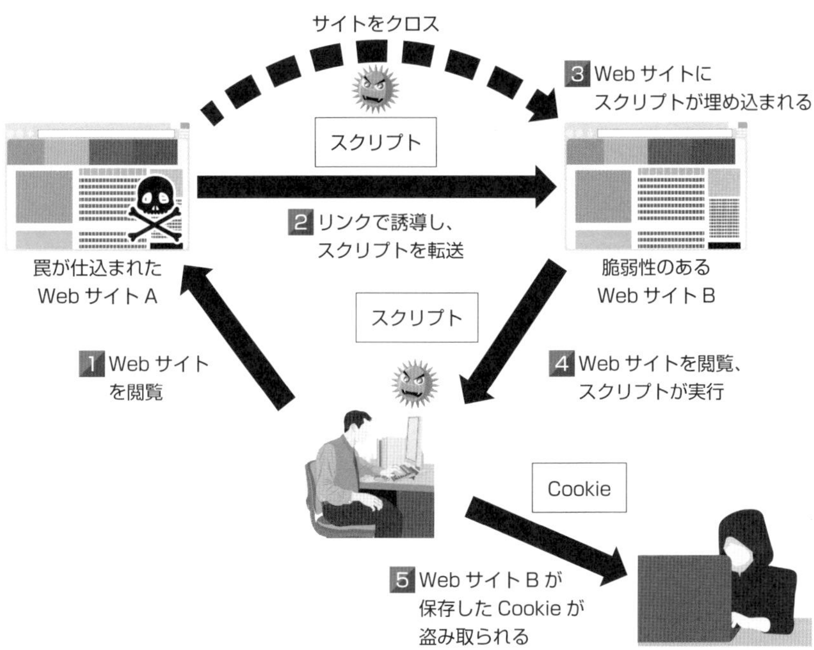

SQL インジェクションのイメージ

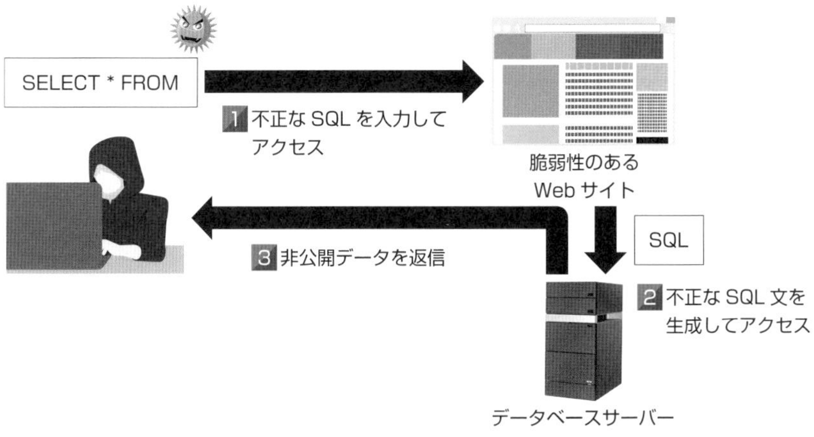

＊**セッション情報**　通信の開始から終了までの情報のこと。アクセスしているユーザーの識別や通信状態を管理するために必要になる。

＊**SQL 文**　データベースの操作で用いるスクリプト。SQL は、Structured Query Language（構造化問い合わせ言語）の略。

3-13

コマンドインジェクション攻撃

システム管理者がキーボードから画面に命令を入力するコマンド。人の操作だけでなく、プログラムから実行することもできます。これが悪用され、Webサイトから意図しないコマンドの実行により攻撃を受けるのです。

コマンドインジェクションとは

コマンド（OSコマンド）とは、WindowsなどのOSを操作する命令のことです。たとえば、システム管理者がメンテナンスなどでコンソール画面*を使って操作します。このOSコマンドは、人の入力操作ではなく、プログラムから実行することが可能です。もちろん、Webアプリケーションからも実行できます。

コマンドインジェクション攻撃は、WebアプリケーションにOSコマンドを実行するプログラム処理があると、それを悪用して不正なOSコマンドを実行するようにWebページの入力内容を細工します。

攻撃から守るには

OSコマンドは、OSに対する命令操作ができるため、悪用されると何でもありの状態になりかねません。重要なデータファイルのコピー、改ざん、削除はもちろんのこと、リモート操作や外部プログラムの起動などが可能です。Webアプリケーションに与えられたアクセス権限でOSコマンドは実行されるため、不必要に高い権限が付与されていると非常に危険です。マルウェアに感染させたり、サーバー自体を乗っ取ったりすることも考えられます。

攻撃から守るには、Webアプリケーションのプログラム内から、OSコマンドを実行する処理をなくすことです。OSコマンドを使わなくても、同等の処理が行えるプログラムのライブラリ*などがあります。

どうしてもOSコマンドの実行が必要な場合は、プログラムでWebページの入力内容（データ）を十分検証するようにコーディング*します。これを**セキュアコーディング**といい、詳しくは後ほど説明します。

---

*コンソール画面　コマンド名を入力して実行する画面のこと。
*ライブラリ　特定の機能を持つプログラムを別のプログラムから呼び出して使えるように個別の部品のようにして、そのような部品化したプログラムを集めて１つのファイルにしたもの。

コマンドインジェクション攻撃のイメージ

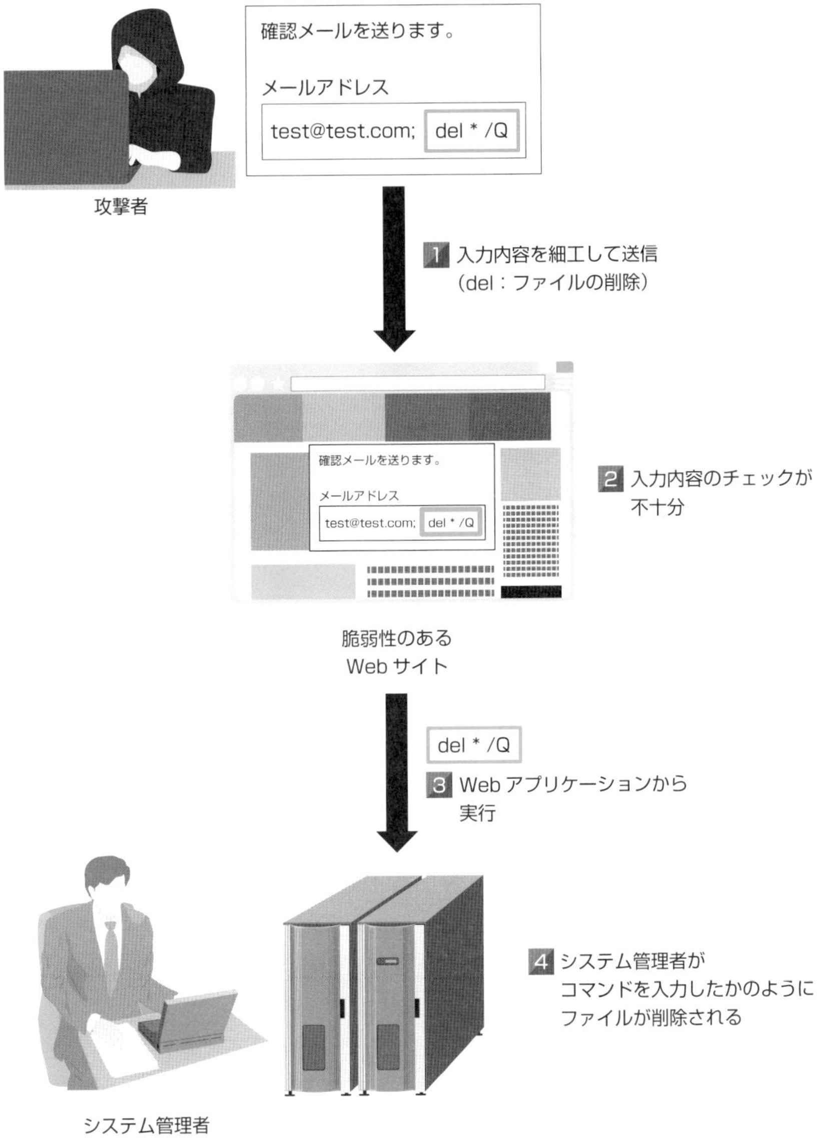

＊**コーディング**　プログラムを記述すること。

3-14

権限昇格攻撃

攻撃者が不正アクセスなどによる侵入に成功すると、次に狙うのが管理者権限の取得です。そこで悪用されるのが、権限昇格の可能性がある脆弱性。いち早いセキュリティパッチの適用が望まれます。

権限昇格とは

システムの**権限**といえば、OS（Windowsなど）やミドルウェア（データベースなど）、アプリケーション（業務システムなど）のレイヤー*に分かれ、いろいろな種類が存在します。たとえば、Windowsのユーザーアカウントでは、大きく「標準」と「管理者」の２種類の権限があります。標準の権限では、ほかのユーザーやOSの設定などに関する操作はできずに制限を受けます。管理者権限では、基本的にすべての操作が可能です。

ここで、標準のユーザーでログイン中に不正アクセスを受けたとします。仮に侵入に成功しても標準の権限では制限があり、攻撃者は次の攻撃へステップアップすることが難しくなります。そこで用いるのが**権限昇格攻撃**です。

権限昇格を招く脆弱性

攻撃者は、どのように権限昇格を行うのでしょうか？　その多くは、権限昇格を招く脆弱性を悪用します。権限昇格の可能性がある脆弱性は、毎月のように多く見つかっているのです。

たとえば、2022年９月に公開されたマイクロソフト社のセキュリティ更新プログラム（月例）に、CVE-2022-37969の脆弱性があります。CVE*とは、脆弱性を一意に特定できるように付与された共通の識別番号です。

CVE-2022-37969は、Windows共通ログファイルシステムドライバーの特権昇格に関する脆弱性です。マイクロソフト社の説明では、すでにこの脆弱性が悪用されていることを確認しており、早急に影響を受ける製品に対して更新プログラムの適用を求めています。

---

* **レイヤー**　「階層」の意。システムなどを構成する要素が階層状に積み上がった状態になっていること。
* **CVE**　Common Vulnerabilities and Exposures（共通脆弱性識別子）の略。

権限昇格攻撃のイメージ

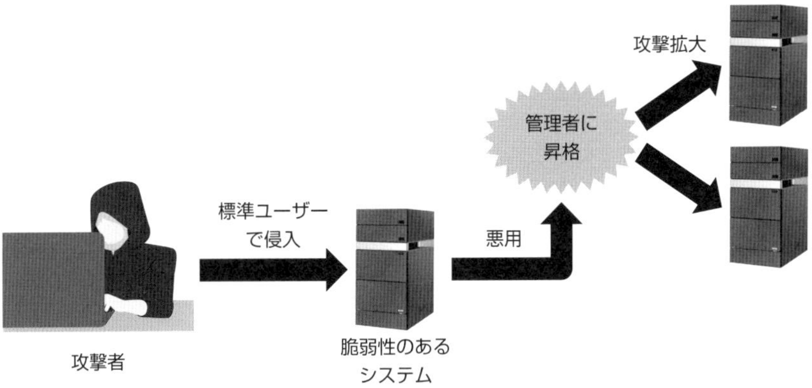

JPCERT/CCによる脆弱性の注意喚起

JPCERT/CC

YAHOO! JAPAN　検索
◉ このサイト内を検索 ○ ウェブ全体を検索
最新情報を取得 (RSS | メーリングリスト)　HTTPS　モバイル

インシデントとは | 緊急情報を確認する | JPCERT/CCに依頼する | 公開資料を見る | 情報を受け取る | コラム&ブログ | JPCERT/CCについて

HOME > 緊急情報を確認する > 2022年9月マイクロソフトセキュリティ更新プログラムに関する注意喚起　通常レイアウトに戻す　印刷

2022年9月マイクロソフトセキュリティ更新プログラムに関する注意喚起　最終更新: 2022-09-14

ツイート　メール

JPCERT-AT-2022-0024
JPCERT/CC
2022-09-14

I. 概要

マイクロソフトから同社製品の脆弱性を修正する2022年9月のセキュリティ更新プログラムが公開されました。これらの脆弱性を悪用された場合、リモートからの攻撃によって任意のコードが実行されるなどの可能性があります。マイクロソフトが提供する情報を参照し、早急に更新プログラムを適用してください。

マイクロソフト株式会社
2022 年 9 月のセキュリティ更新プログラム
https://msrc.microsoft.com/update-guide/ja-JP/releaseNote/2022-Sep

マイクロソフト株式会社
2022 年 9 月のセキュリティ更新プログラム (月例)
https://msrc-blog.microsoft.com/2022/09/13/202209-security-updates/

これらの脆弱性の内、マイクロソフトは次の脆弱性について悪用の事実を確認していると公表しています。マイクロソフトが提供する情報を参考に、対策検討を推奨します。

出所　https://www.jpcert.or.jp/at/2022/at220024.html

3-15 ディレクトリトラバーサル

あまり馴染みがないと思われるディレクトリトラバーサルという言葉。過去には、Webサーバーに一時保存していた重要なファイルが窃取されるなど、多くの情報漏洩事件につながっています。

ディレクトリトラバーサルとは

ディレクトリトラバーサルを簡単に説明すると、Webサーバーの非公開ファイルにアクセスする攻撃です。「ディレクトリ」とは、いわゆるディスクドライブの中の「フォルダ」のことです。また「トラバーサル」には、「横断する」という意味があります。ディレクトリトラバーサルでは、不正にほかのディレクトリへ移動して、本来は閲覧できないファイルを読み書きします。

絶対パスと相対パス

アクセスするファイルを指定する場合、2つの方法があります。**絶対パス**は、「C:¥Users¥Public¥file01.txt」のように、その所在を直接指定します。これに対して**相対パス**は、現在の場所から移動先を指定します。現在地が「C:¥Users¥Public」のフォルダであれば、「.¥file01.txt」にてアクセスが可能です。「.」は今の場所を示し、「..」なら1つ上の「C:¥Users」フォルダへの移動を示します。

実際の攻撃では

たとえば、公開している「/home/public/data.txt」のファイルを「https://test.co.jp/?file=data.txt」のURLでアクセスするとします。それを「https://test.co.jp/?file=../private/password.txt」のURLに置き換え、非公開の「/home/private/password.txt」に不正アクセスするのです。

「/home/private」ディレクトリへのアクセス権が不適切であり、相対パスの指定を受け取ったWebアプリケーションが（相対パスを無効化するような）適切なプログラム処理を行っていないと、攻撃は成功します。

ディレクトリトラバーサルのイメージ

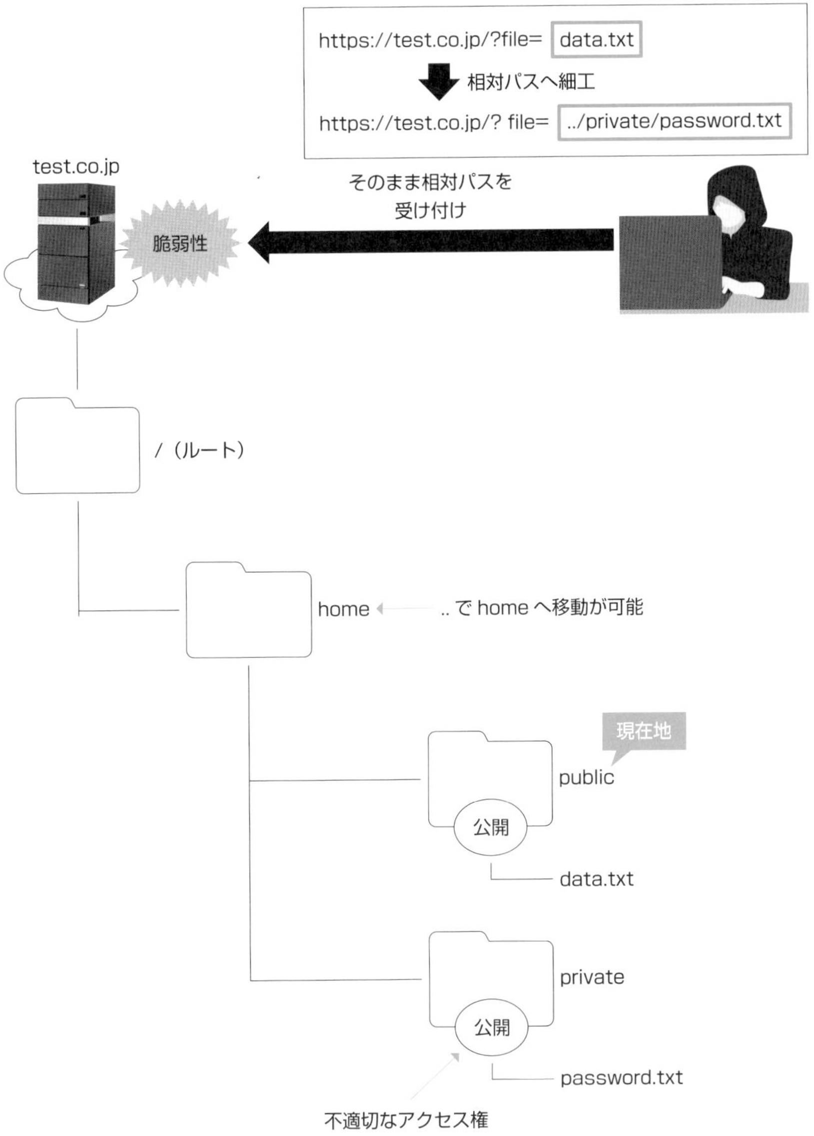

3-16

クロスサイトリクエストフォージェリ

身に覚えのない容疑で突然逮捕!? そんな事態になりかねないのが、クロスサイトリクエストフォージェリです。Webサイトのサービス利用が終われば、速やかにログアウトしたほうが安全です。

クロスサイトリクエストフォージェリとは

クロスサイトリクエストフォージェリ＊は、攻撃者が用意した「罠のWebサイト」に利用者がアクセスすると、ターゲットとなる別のWebサイトへ不正なリスクエストを勝手に送ります。利用者は、そのようなリクエストが送られた(自分が送った)ことにまったく気づきません。

具体的な例として、2012年にクロスサイトリクエストフォージェリの被害で誤認逮捕された事件があります。インターネット掲示板に「小学校襲撃や殺害予告を示唆する投稿を行った」として5名が逮捕されます。その後の調査で、別サイトに掲載されたURLをクリックすると勝手に書き込まれることが判明し、攻撃を仕込んだ真犯人が逮捕されました。

攻撃から守るには

攻撃から身を守るには、どのようなことに注意すればいいのでしょうか。クロスサイトリクエストフォージェリは、基本的にターゲットとなるWebサイトにログインしている利用者が狙われます。利用者側としては、特定のWebサイトにログインした状態のまま、信頼性が低いWebサイトに極力アクセスしないことです。

一方、Webサイト側の対策としては、外部サイトからの不正なリクエストを判別したり、リスクエストを実行する前に再度パスワード入力を求めたりするなど、Webアプリケーションのプログラムをセキュアにすることです。また、Webサイトで重要なリクエストの処理を行った際には、登録済みのメールアドレスへその旨を自動送信すると、利用者が異常に気づきやすくなります。

＊**クロスサイトリクエストフォージェリ**　フォージェリは「偽造」の意。

クロスサイトリクエストフォージェリのイメージ

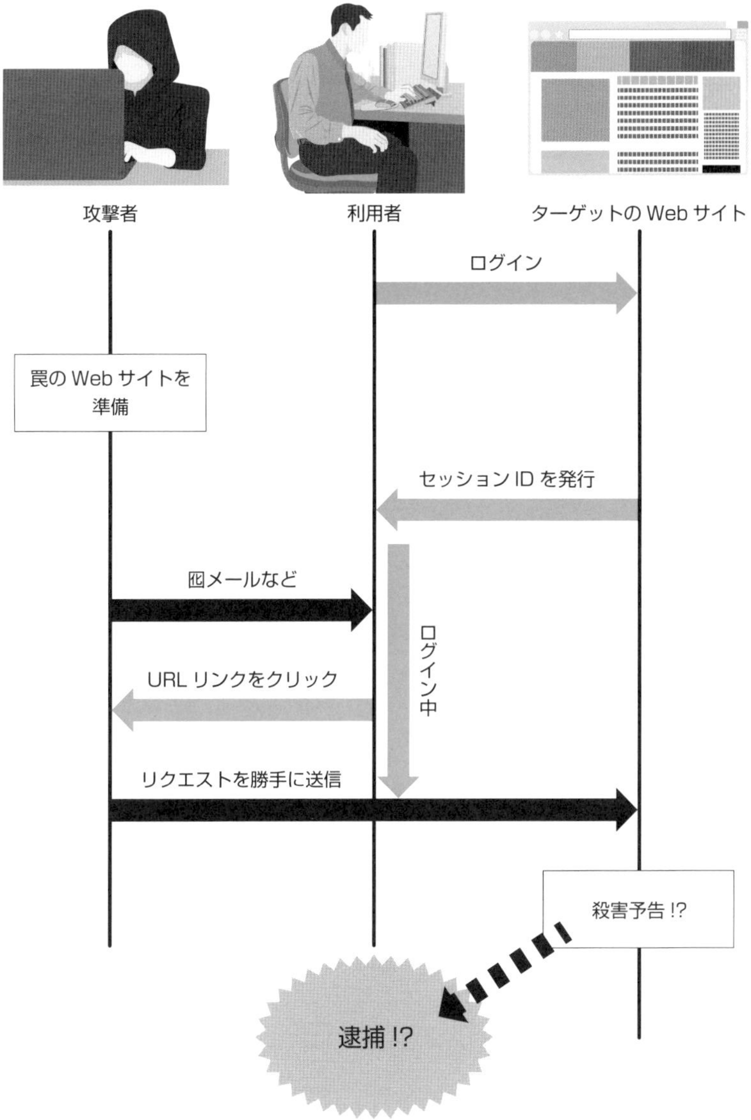

3-17

認証回避

システムやサービス、アプリケーションを利用する際に、セキュリティの入口といえるのが認証です。それをあっさりバイパスする攻撃なんて、そう簡単に起こるのでしょうか？

認証回避とは

認証回避は、その名の通り、認証の機能を迂回してログインする攻撃です。ユーザーIDやパスワードを入力することなくログインします。場合によっては、権限昇格して管理者のユーザーでログインを許すこともあります。

認証回避の多くは、OSやアプリケーションの脆弱性を悪用します。認証がバイパスされてしまう欠陥があるということです。「まさかそんなお粗末なことが本当にあるの？」と思われるかもしれません。しかしながら、JPCERTコーディネーションセンターと情報処理推進機構が共同で管理しているJVN iPedia＊を検索すると、2021年に公表された認証回避に関する脆弱性が67件も見つかります。決してマイナーな脆弱性ではないのです。

多要素認証の回避

認証を強化するための多要素認証＊がバイパスされる攻撃も見つかっています。これは脆弱性の悪用ではなく、その仕組みを逆手に取るような攻撃です。**AiTM**＊と呼ばれる手口で、フィッシング攻撃の一種に分類されています。

攻撃者は、利用者を「偽のプロキシー」へと誘導します。**プロキシー**とは、パソコンから外部のWebサイトへアクセスする際に、間に介在（代理応答）するサーバーです。企業のネットワークでは、安全性を高めるためにプロキシーを経由することが多いと思います。利用者がログインするターゲット（Webサイト）との間に「偽のプロキシー」を介在させると、認証済みのセッション情報を盗むことができます。この情報を使って、認証をバイパスしてターゲットにアクセスするのです。

＊ **JVN iPedia**　JVNが運用する脆弱性対策情報データベース。
＊ **多要素認証**　知識要素（その人が知っている情報）、所有要素（その人が持っているものに付随する情報）、生体要素（その人の身体的な情報）の3つのうち、2つ以上を組み合わせた認証のこと。
＊ **AiTM**　Adversary-in-The-Middle の略。

認証回避のイメージ

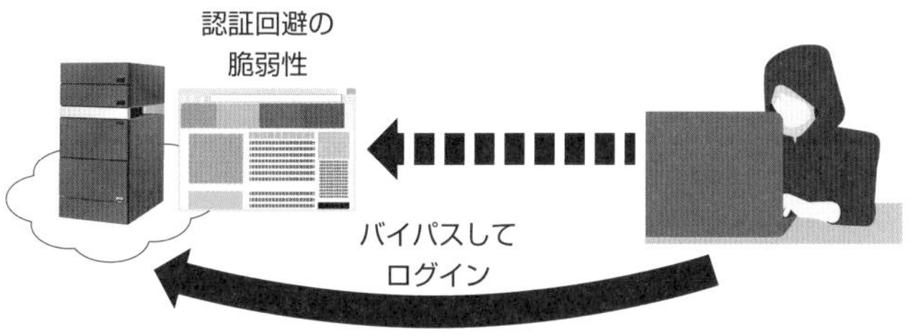

多要素認証の回避イメージ

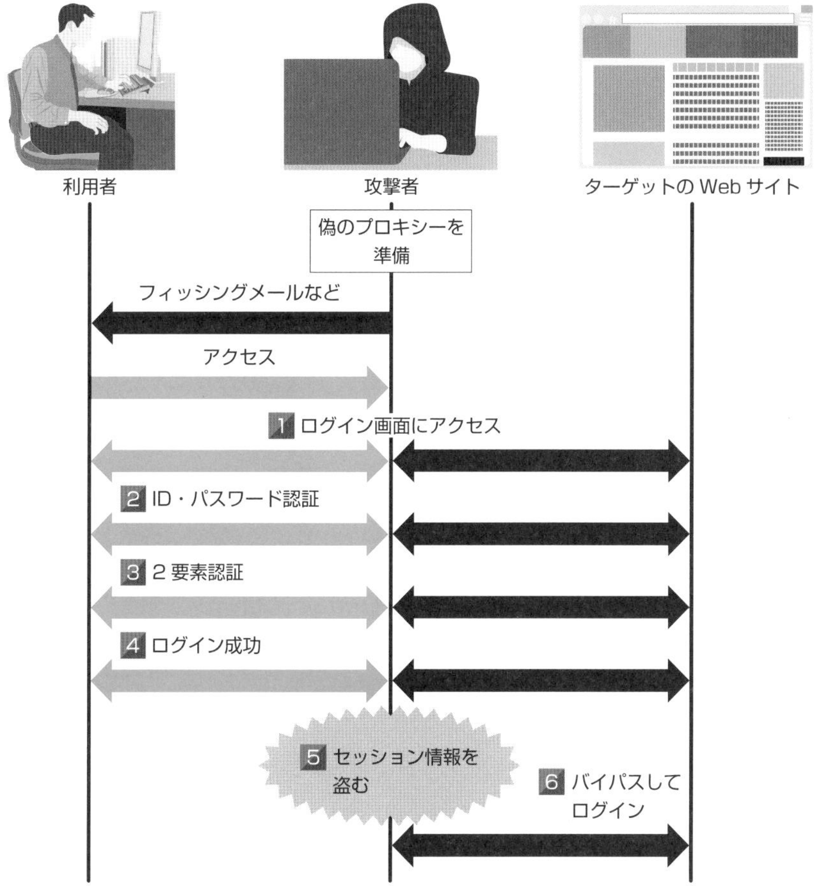

3-18

ゼロデイ攻撃

いち早く脆弱性を見つけて攻め込むのがゼロデイ攻撃です。脆弱性が公表される前に攻撃が始まると、セキュリティパッチなどを適用することができなく、事前の対処が難しくなります。

ゼロデイとは

ゼロデイは英語の「zero day」で、読んだ通り「0日」のことです。**ゼロデイ攻撃**は、脆弱性が見つかってからセキュリティパッチなどの提供が行われる日よりも前に、それを悪用します。

脆弱性情報の公表は、原則、セキュリティパッチなどの提供と合わせて行われます。利用者が公表された脆弱性を知って、すぐに対処を可能にするためです。実際には公表前の段階で脆弱性は見つかっており、水面下でセキュリティパッチ作成などの準備が進められています。先に攻撃者が脆弱性を見つけたり、何らかの方法で公表前の情報を知り得たりすると、ゼロデイ攻撃が可能になります。

有効な対策は

ゼロデイ攻撃を事前に防ぐことは、非常に困難です。セキュリティパッチを適用して脆弱性そのものをなくすことができません。よって、被害の影響を最小限に留めるといった対策が中心になります。何はともあれ、公開された脆弱性情報をいち早くキャッチし、速やかにパッチを適用します。あたり前のことなのですが、それがなかなか難しいのも現実です。

近年では、実環境から分離された検証用の**サンドボックス***を活用するケースも増えています。利用者がメールの添付ファイルなどを開く前に、サンドボックス内で異常な動作が起こらないか評価する仕組みです。

また、次世代型のマルウェア対策ソフトとも呼ばれる**EDR***の導入も有効です。パソコンの動作情報を収集し、不審な挙動（怪しいふるまい）などを検知するものです。従来型のマルウェア対策ソフトと併用することが多くなっています。

---

* **サンドボックス**　直訳すると「砂場（sandbox）」の意。コンピュータの中に設けられた仮想環境のこと。
* **EDR**　Endpoint Detection and Responseの略。エンドポイント（ネットワークの末端に接続された機器やデバイスなど）の状況を監視し、不審な挙動があれば管理者に通知する仕組み。

ゼロディ攻撃と可能な対策のイメージ

脆弱性情報
の公表日
←ゼロディ攻撃←
公表日以前に
攻撃者が脆弱性を
見つけて攻撃
脆弱性情報の公表と
セキュリティパッチの提供
脆弱性をなくす
対策ができない
セキュリティパッチの適用で
攻撃が防げる
できることは……被害の影響を最小限に
いち早く脆弱性情報をキャッチし
セキュリティパッチを適用する
疑いがある状況を検知する仕組み
・サンドボックスの導入
・EDR の導入

3-19

ビジネスメール詐欺

ここ数年で、急激に脅威を高めたのがビジネスメール詐欺です。詐欺の手口というと、従来は個人を狙った攻撃ばかりが注目されました。今では大手企業が被害に遭うことも少なくありません。

ビジネスメール詐欺とは

ビジネスメール詐欺は、取引先や自社の経営者になりすまし、金銭を騙(だま)し取るサイバー攻撃です。2017年末に、日本の航空会社が約3億8,000万円を騙し取られたとの報道で注目されました。近年、非常に被害が増えています。

攻撃者は、あらかじめ社内や取引先とのメール内容を盗聴するなど、綿密に情報を収集。「諸事情で振込先口座が変わった」旨の巧妙な偽装メールを担当者へ送ります。海外の取引先との英文メールでは、多少文章に違和感があってもわからないことだって考えられます。大手企業とはいえ、まんまと騙されてしまうのです。

詐欺の被害を受けた企業だけでなく、なりすまし先となった企業も無関係ではありません。不適切な管理で漏洩したメールの情報などが使われた場合、民法478条*を根拠に支払いを受けられないことも考えられるのです。

また、自社の経営者になりすます手口にも注意が必要です。海外に出張中の社長から、緊急で極秘案件の前金が必要になったとの偽装メールを受け、指定された偽の口座に振り込んでしまうような事案です。

どのような対策が必要なのか

このような詐欺の手口に対して、どのように対処をすればいいのでしょう。まず必要なのが教育です。公開されている被害事例などを、情報セキュリティの研修内容として周知します。実務を担う営業部門や経理部門はもちろんのこと、決済権限を持つ管理職も対象にして実施します。

また、支払いプロセスの見直しを検討します。担当部門以外による客観的な立場でチェックができる体制の整備が望まれます。

＊**民法478条**　「債権の準占有者に対してした弁済は、その弁済をした者が善意であり、かつ、過失がなかったときに限り、その効力を有する」と定めている。

ビジネスメール詐欺のイメージ

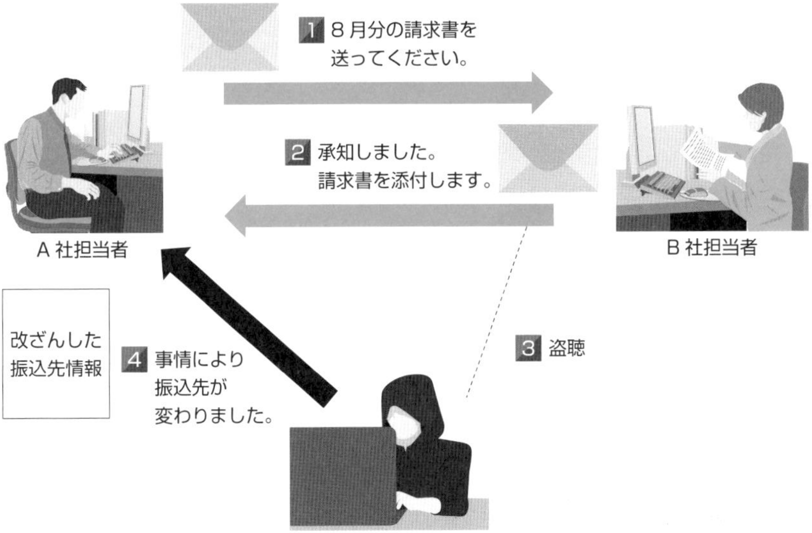
1 8月分の請求書を
送ってください。
2 承知しました。
請求書を添付します。
A 社担当者
B 社担当者
改ざんした
振込先情報
4 事情により
振込先が
変わりました。
3 盗聴

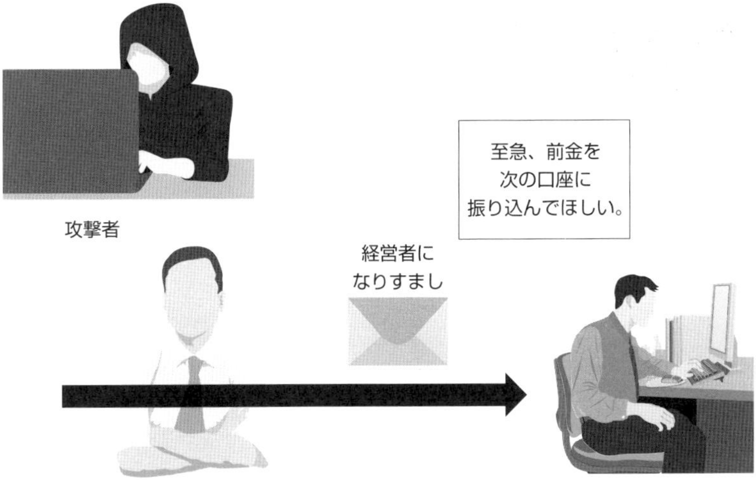
攻撃者
至急、前金を
次の口座に
振り込んでほしい。
経営者に
なりすまし
出張中の経営者
経理担当者

3-20

内部不正の脅威

サイバー攻撃の脅威は、組織の内部にまで及びます。まさか内部の犯行だなんて、疑いたくないのが心情です。特に人に対するセキュリティ対策は難しい面があり、そこが弱点にならないよう注意が必要です。

内部不正とは

サイバー攻撃は、ハッカーなどによる外部の脅威だけが対象ではありません。**内部不正**は、組織の内部に対する脅威の1つです。

不正行為には、企業の従業員など内部関係者による機密情報の持ち出しや悪用などがあり、故意によるものと不注意による過失を含みます。**内部関係者**とは、正規従業員や役員以外に、外注業者・業務委託先・契約社員・退職者などです。

日本では、どうしても「人の本性は善である」との性善説で考える傾向があり、内部への対策が手薄になりがちです。魔が差すことや、うっかりミスを犯すこともあるため、内部関係者を守るといった視点で対策を進めることが大切です。

手口は大きく2つ

攻撃の手口ですが、基本的には次の2つです。

❶不正アクセス

アクセス権限を悪用し、営業秘密などの重要情報を窃取します。適切なアクセス権が付与されておらず、職務権限以上の情報にアクセスできたり、内部異動時にアクセス権の変更が漏れていたりしないか注意が必要です。

❷情報の持ち出し

USBメモリやメール添付、クラウドストレージ、紙の資料などにより、外部に情報を持ち出します。社内で定めた情報管理のルールを十分周知して順守の徹底を図り、技術的な対策で持ち出しの制限などを行うことが求められます。

内部不正のイメージ

外部
内部
不注意
魔が差す
故意
情報漏洩
情報の
持ち出し
不正アクセス
不正が起こりやすい環境
・内部に対する情報セキュリティ対策が不適切
・社内の情報管理に対するルールが浸透していない
・業務のチェック体制が不十分

3-21

サプライチェーン攻撃

サイバー攻撃の脅威は、中小企業にも迫っています。攻撃者は、大企業を本命のターゲットにしながらも、大企業を直接狙うことなく取引先の中小企業から攻め込みます。

サプライチェーン攻撃とは

すでに、第２章の自動車メーカーへの被害で説明した**サプライチェーン攻撃**。ここでは、もう少し内容を深堀します。

攻撃者のターゲットとしては、大きな影響を及ぼすことが可能な大企業が本命です。しかしながら、大企業のサイバーセキュリティ対策は、毎年のように強化されており、攻めるには相当ハードルが高くなっています。

これに対して、中小企業は従来、攻撃者が狙いを定めるほどの魅力や動機がありませんでした。中小企業側も「まさか自社がサイバー攻撃で狙われるなんて……」と思っておらず、セキュリティ対策に手が回っていません。

大企業の事業活動がすべて自社内で完結しているわけはないので、重要な取引先となる中小企業に依存する部分があります。災害時などの事業継続性*の面では、以前から取引先とのサプライチェーンがリスクとして認識されていました。このリスクをサイバー攻撃が狙うようになります。

攻撃の影響

製造業でいえば、重要な取引先の中小企業がランサムウェアのサイバー攻撃を受け、中核となる生産システムに被害が及ぶと製品の出荷が滞ります。その影響が大企業に連鎖し、工場の停止につながるのです。

また、大企業と中小企業の間では、製品の設計情報（図面データなど）を共有することが少なくありません。それらの重要情報を中小企業から窃取して、大企業を脅迫できます。さらに、中小企業のネットワークに侵入すれば、そこを踏み台にして大企業へリモートネットワーク経由で入り込むことも可能です。

＊**事業継続性**　災害や事故などの不測の事態が発生した場合でも事業を中断することなく継続していくこと。

サプライチェーン攻撃のイメージ

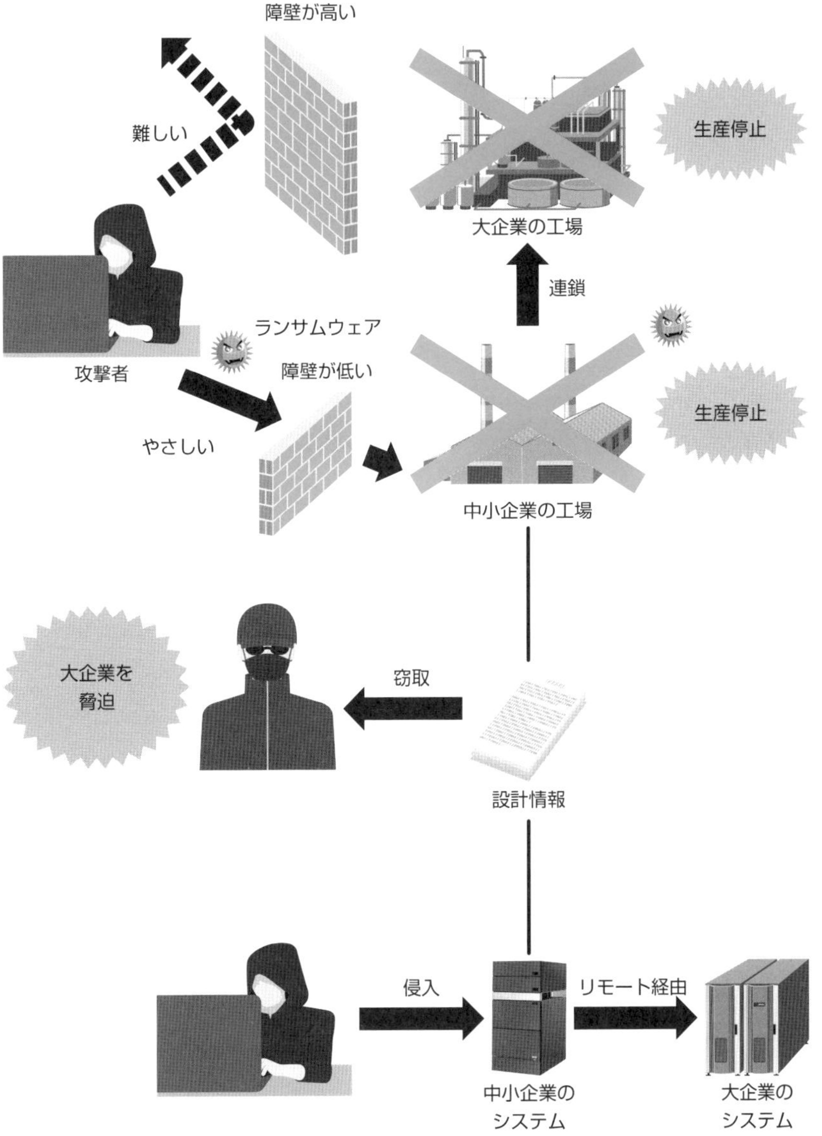

3-22

ソーシャルエンジニアリング

サイバー攻撃の中でも、重要な手口になるのがソーシャルエンジニアリングです。人の心理面が狙われると、その対処はより難しくなります。攻撃者は、心理学のスキルも駆使するのです。

ソーシャルエンジニアリングとは

ソーシャルエンジニアリングは、人の心理的な隙や不注意（ミス）につけ込む手口です。「えっ、それがサイバー攻撃の手口なの？」と疑問に思うかもしれません。人に依存するため、対策が難しく、サイバー攻撃の初期段階で突破口を開くのに適した手法なのです。

巧妙なメールの内容で利用者を騙すフィッシングやビジネスメール詐欺などでも、ソーシャルエンジニアリングが用いられています。

典型的な手口は

ここでは、典型的な手口を３つ説明します。

❶ショルダーハッキング

パソコンを操作する画面を肩越しに覗き込み、重要な情報を盗むことです。社外のコワーキングスペース*などの場所で窃取するケースが増えています。

❷トラッシング

社内から出るゴミを漁ることです。メールアドレスなどの個人情報が記載された資料が、そのまま捨てられていることも多いからです。

❸スケアウェア

「ウイルス感染しています…」などの偽の警告を利用者のパソコン画面に表示し、トラブル解消の連絡を求めて、個人情報などを盗むことです。

＊**コワーキングスペース**　専用の個室ではなく、共有型で仕事をするオープンスペースのこと。

ソーシャルエンジニアリングのイメージ

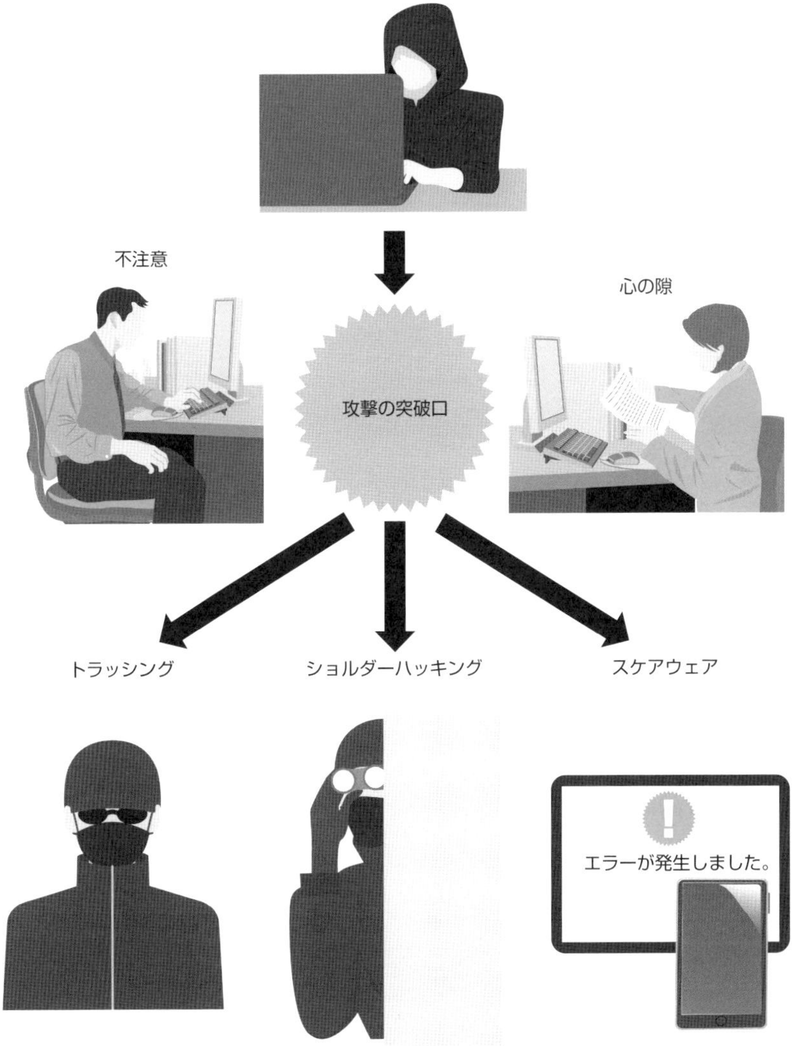

3-23
セキュアコーディング

あらかじめサイバー攻撃の脅威につけ込まれないよう、ソフトウェアのセキュリティを高めることができないのでしょうか。それを実現する手法がセキュアコーディングです。

セキュアコーディングとは

セキュアコーディングについては、すでに少し内容に触れました。サイバー攻撃に耐えうる堅牢なプログラムを書くことです。

今までに説明してきたいくつかの攻撃では、ソフトウェアが抱える脆弱性を悪用します。その攻撃を防ぐために、脆弱性となるプログラムコードの不具合をセキュリティパッチの更新プログラムで修正します。

セキュアコーディングでは、そのような脆弱性がそもそも生じないよう、セキュアにプログラムを作成する手法を用います。後に修正対応などで生じる「後工程」の作業工数（コスト）と比べて、できるだけ脆弱性につながらないように「前工程」にコストをかけるほうが、全体のコストを抑えられるといわれています。

このようなことから、セキュアコーディングでは「あらかじめセキュリティを作り込む」といった表現することがあります。

実際に行うには

一般的にソフトウェアをプログラミングする際には、担当者しかわからないようなプログラムコードになると困るため、組織内の**コーディング規約**に従います。コーディング規約には、プログラムの品質を高めるための各種ルールが規定されています。ただ、そこにセキュリティを高めるための要素がない場合が多いのです。

現在では、各種のプログラミング言語に応じたセキュアコーディングのガイドライン（ドキュメント）が数多く公表されています。それらを参考に、自社のコーディング規約の中へセキュアなルールを加えることが可能です。後付けでセキュリティに対処するのではなく、あらかじめセキュリティを作り込むのです。

セキュアコーディングのイメージ

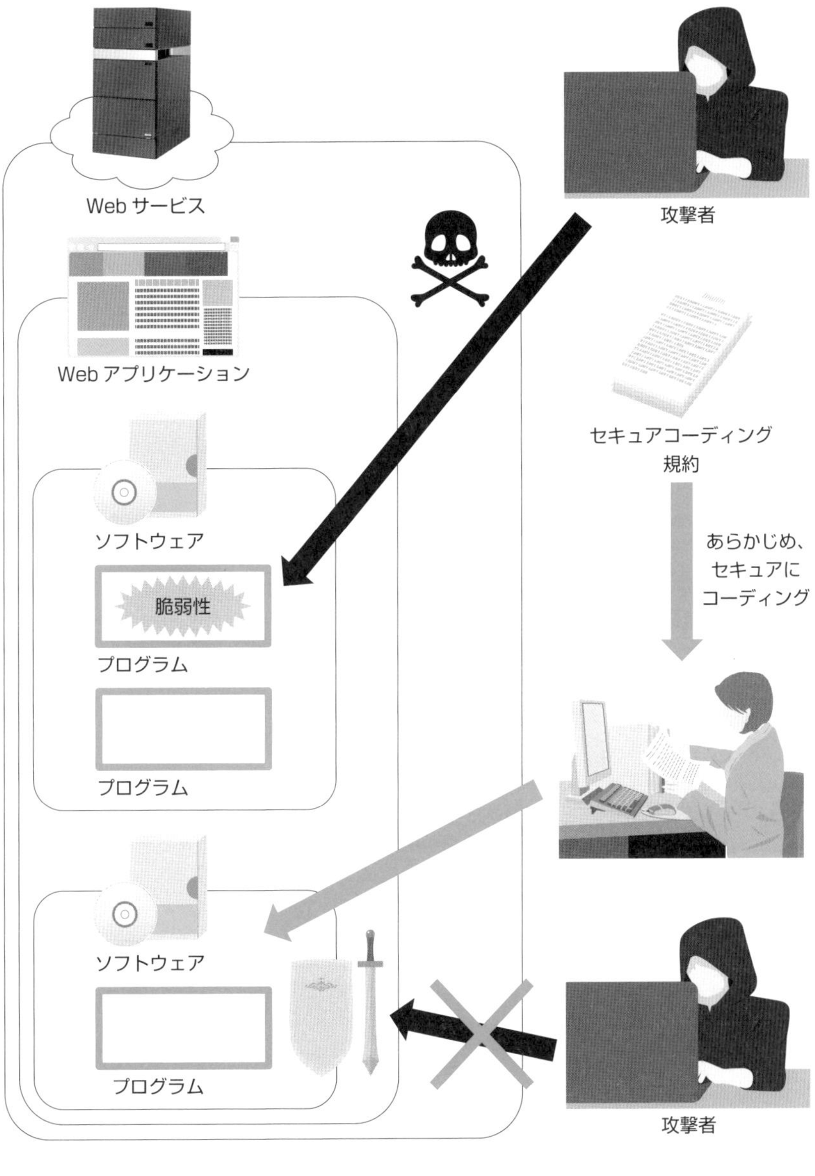

3-24

ダークウェブ

その名の通り、闇のイメージが強いダークウェブ。本来は、匿名性が守られた安全なウェブのことです。しかしながら、その匿名性が悪用され違法な取引などのサイバー犯罪に利用されています。

ダークウェブとは

ダークウェブは、一般的に日本語で「闇サイト」と呼ばれています。インターネット上のWebサイトですが、通常のWebブラウザなどで検索できません。Tor（トーア）*といった接続経路を匿名化するソフトウェアを使ってのアクセスが必要です。

ダークウェブでは、その匿名性を悪用して、次のような犯罪行為の取引サイトとして利用されることがあります。

❶違法性の高い物品

兵器やドラッグなど、法規制で手に入れることができない物品の売買。

❷サイバー攻撃

マルウェアなどを作成するツールの販売や、サイバー攻撃そのものを実施する案件の請け負い。

❸個人情報

流失した個人情報（名前、住所、メールアドレス、クレジットカード番号、ID・パスワードなど）の売買。

その一方で、ダークウェブでは匿名性ゆえに自身の安全が守られることから、内部告発サイトやSNSなどがあります。ただし、アクセスするだけでマルウェアに感染するような悪質なサイトも存在するため、十分なセキュリティの知識がない状態で、不用意にダークウェブにアクセスしないよう注意してください。

---

* **Tor**　The Onion Routerの略。たまねぎ（Onion）の皮のように、いくつもの階層を重ねて接続経路を匿名化する仕組みから名付けられたとされる。

Torを使ったダークウェブへのアクセス

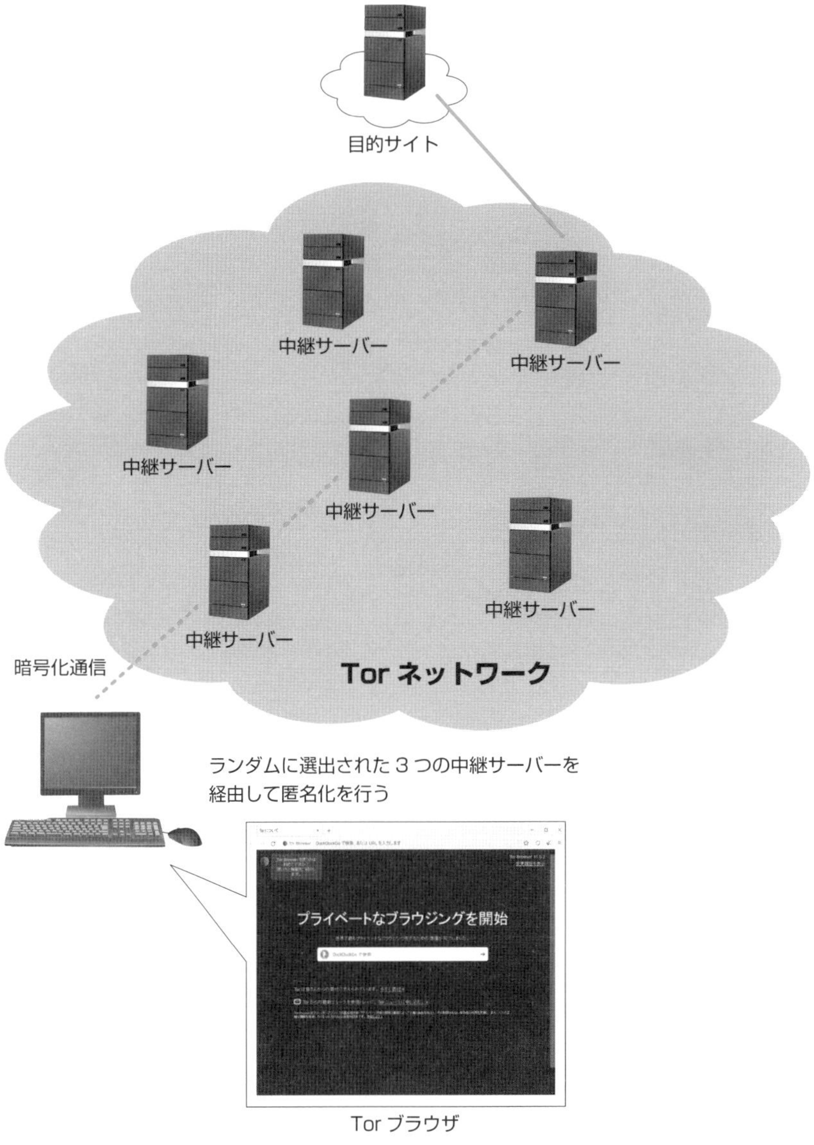

3-25
検索エンジンShodan

インターネットにつながる機器を見つける検索エンジンがShodanです。セキュリティ向上のために公開されものですが、攻撃者がターゲットを見つけるために悪用することも考えられます。

Shodanとは

Shodan（ショーダン）（https://www.shodan.io/）は、インターネットに接続しているデバイス機器を探せる**検索エンジン**です。インターネットを巡回し、インターネット上に公開されている機器のIPアドレス、ポート番号、位置情報などを収集しています。それらの情報をインデックス化することで、検索条件に応じた結果を表示します。

インターネットにつながるIPカメラやルータ、サーバーはもちろんですが、各種のIoTや産業制御システムのコントローラなども見つけることができます。

その利用目的は

もともとShodanは、インターネットに接続する機器のセキュリティ向上を目的に2009年に公開されました。自社システムのIPアドレスをShodanで検索し、もし非公開にすべき機器の情報が見つかれば、必要な対策を講じることができます。

ただし、悪意を持つ者が先に問題を見つけると、それを悪用されてしまいます。脆弱性のある機器かどうか、Shodanでバージョンを特定することもできるからです。ハッカーがインターネットからダイレクトに攻撃する対象を、Shodanで探しているかもしれません。

Shodanでは、機器の製品名や特定の国・都市、座標、IPアドレス、OS、サービス（ポート番号）などをフィルタ入力して、対象の機器が絞り込めます。たとえば、攻撃者が日本でボットネットに感染させたいAAA製品のネットワーク機器を探したいとします。検索のキーワードは、「product："AAA" country:jp」です。ターゲットとなる機器の一覧がブラウザに表示され、詳細情報（型式、IPアドレス、開いているポート番号など）が確認できます。

検索エンジンShodanを使ったアクセス

COLUMN 中小企業のサイバーセキュリティ対策支援

サイバーセキュリティ対策の支援サービスといえば、大企業向けのとても高価なイメージがします。中小企業にとって、それは高嶺の花だと思われていました。ですが、サプライチェーン攻撃や日本における中小企業の数（99%以上が中小企業）を考えると、そもそも支援が必要なのは中小企業なのかもしれません。

そうした中、「中小企業に対するサイバー攻撃への対処として不可欠なサービスを効果的かつ安価に、確実に提供」とのコンセプトのもと、2022年に「サイバーセキュリティお助け隊サービス」が始まりました。これは、2020年と2021年の2年間に情報処理推進機構（IPA）の実証事業を通じてサービス基準が制定され、その適合性審査を受けたサービス（2022年12月時点で27の民間サービス）が登録されています。

また、サイバーセキュリティお助け隊サービスの利用料は、IT導入補助金という国の制度が活用できます。詳しくは、次のURLより内容を確認してください。

▼サイバーセキュリティお助け隊＆サイバーセキュリティ対策かるた

```
https://www.ipa.go.jp/security/otasuketai-pr/
```

▼サービス基準を充足する「サイバーセキュリティお助け隊サービス」に付与されるマーク

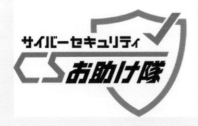

第4章

セキュリティ担当者に求められるリスク対策

サイバーセキュリティに関わるリスクは様々です。インターネットはもちろんのこと、人や物理環境、そして企業の経営にまでリスクは関係します。第４章では、そのリスクについて順を追って説明します。

4-1 担当者に求められるリスク対策

リスクは、マイナスの可能性だけでなく、プラスの可能性を持つことがあります。ただし、サイバーセキュリティでは、サイバー攻撃の脅威が脆弱性を悪用して被害を及ぼすマイナスのリスクが基本です。

リスクとは

日常で、**リスク**という言葉を特に意識することなく使っているかと思います。あらためて、その意味を問われるとどうでしょう？　少し答えづらい感じがしませんか。

リスクとは、一般的に「危険」といったネガティブなイメージを持つことが多いはずです。ただ、株式などを扱う証券業界では、リスクという言葉はマイナスの（株価が下がる）可能性だけでなく、プラスの（株価が上がる）可能性で用いられることもあります。これは、リスクを取り扱う分野（経営、金融、安全、セキュリティなど）によってリスクの概念がやや異なるからです。

では、「サイバーセキュリティにおけるリスク」とは、どういった意味を持つのでしょう？　基本的にはマイナスの可能性だけがリスクと考えられます。サイバー攻撃の脅威が脆弱性を悪用し、それによって被害が及ぶ可能性です。

リスク対策の全体像

そうしたサイバーセキュリティに関する各種リスクに対して、必要な対策を施すといった流れになるわけです。しかしながら、企業などが組織としてリスクに対処していくためには、特に計画性もなく、その場の成り行きまかせだと、適切な対策にはつながりません。

そのため、**リスクアセスメント**により、どのようなリスクがあるのかを特定し、それを分析・評価します。そして、そのリスクに対してリスク対応*を行い、必要な対策につなげていきます。リスクアセスメントについては、第５章で解説します。

第４章では、その前提知識となる各種のリスクについて説明を進めます。

＊**リスク対応**　リスクの低減、受容、回避、共有など。

リスクの概念

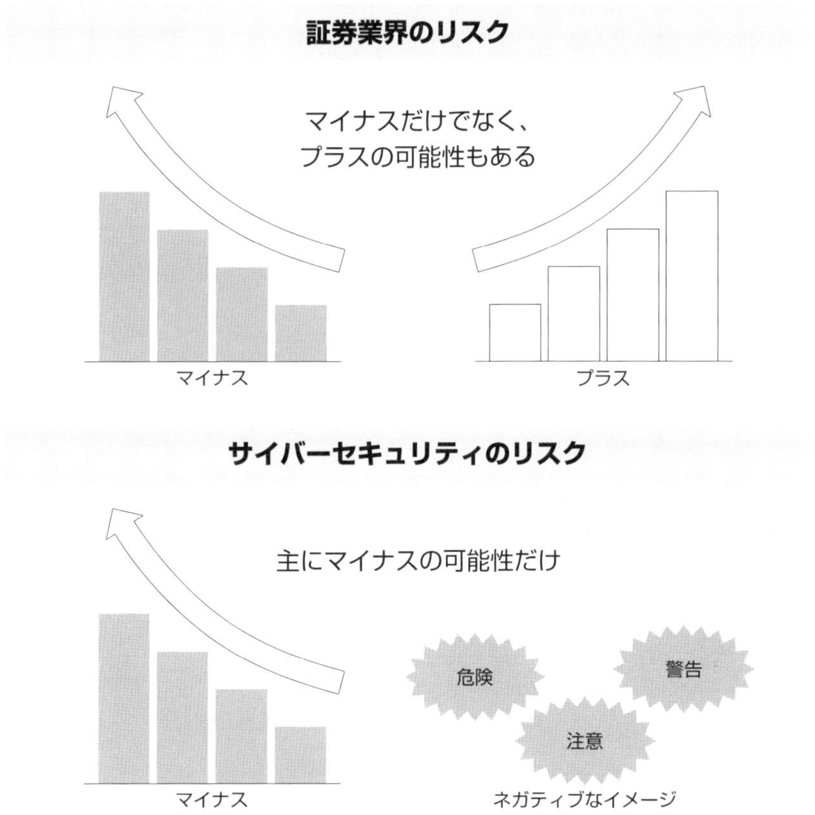

リスクから対策への流れ

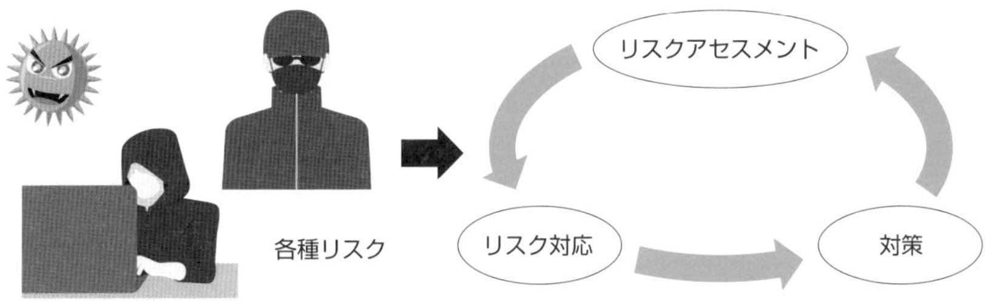

4-2 サイバー攻撃が増加する背景

すでに何度も同じような説明をしてきた環境変化によるリスク。これから内容を深堀する前に、あらためてサイバー攻撃が増加する背景として振り返っておきます。

取り巻く環境の変化

なぜ**サイバー攻撃**が増加しているのかというと、あたり前のことになりますが、社会を取り巻く環境が変化しているからです。その変化により、今まで想定していなかった「サイバーセキュリティにおけるリスク」が生じています。

これは、サイバーセキュリティが特別なものだからではありません。社会経済の発展とともに、発生するリスクの1つなのです。たとえば、今のような車社会になるまでは、交通事故のようなリスクはありませんでした。化石燃料などのエネルギー消費社会への変化がなければ、自然環境もここまで悪化しなかったはずです。

ある意味、社会経済の発展とこれらリスクはトレードオフの関係になります。社会経済が発展するほど、リスクがさらに増えていく。この関係性を解消しないと、持続的に発展していけません。リスクへの対処には、経済発展を妨げずにリスクを低減することが求められるのです。

サイバーセキュリティの環境変化とそのリスク

それでは、あらためて環境の変化を振り返ってみます。

まず1つは、インターネットとコンピュータ機器の普及が挙げられます。ソフトウェアに潜む脆弱性を、ネットワークからの脅威が襲うようになります。

そして、仕事やプライベートでひとり一人がコンピュータ機器を利用するネット社会へと変わりました。人がそれらを使うという面では、人に関わるリスクも形を変えながら増えています。また、いくらネット中心になったとはいえ、物理的な侵入などのリスクがなくなるわけではありません。人の目による監視が少なくなることで、新たに盲点となるリスクが生じます。

こうした環境変化によるリスクについて、これから深堀を進めていきます。

社会経済の発展とリスクの増大はトレードオフ!?

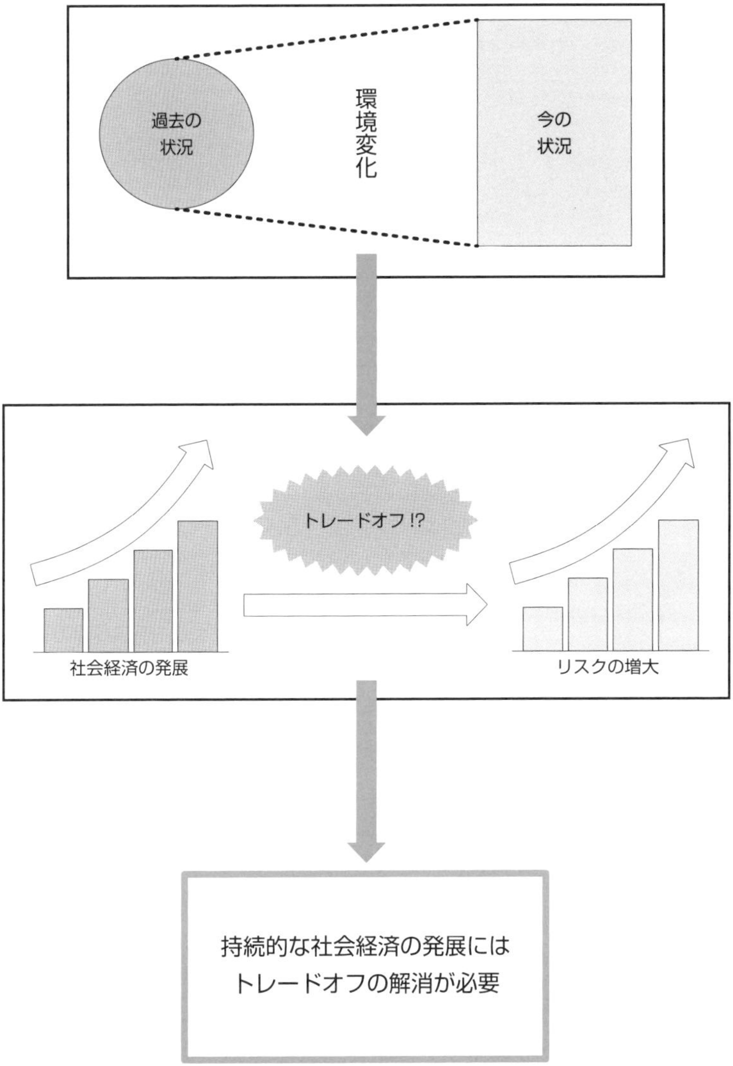

4-3

フィジカル空間とサイバー空間の融合

サイバーとフィジカルな空間が融合すると、今まで守りの要であったセキュリティ境界が漠然としてきます。重点的な対策が難しくなるだけでなく、まったく想定外のリスクも増えてきます。

デジタルツインとサイバーフィジカルシステム

すでに第1章で、サイバー空間とフィジカル空間の高度な融合によるセキュリティリスクの増加について触れました。この高度な融合で注目されている技術の1つが**デジタルツイン**です。これは、リアルな環境で収集したデータを使って、バーチャルな仮想環境に同じ状況を再現するテクノロジーです。

たとえば、モノづくりの現場では、新製品の試作を繰り返します。この試作に関わるIoTなどのデータを仮想環境に取り込み、実環境と同じように試作を行うことで、スケジュールの短縮とコスト低減を実現するのです。

そして、もう1つの注目が**サイバーフィジカルシステム**です。サイバーフィジカルシステムでは、情報の収集、蓄積、分析、フィードバックまでの一連のサイクルを繰り返すことで、様々な課題解決を目指します。サイバーとフィジカルを融合した空間でPDCAサイクル*を回すイメージです。

従来型での対策が難しい

従来も、こうした実環境で発生するデータなどをコンピュータ環境に取り込んで活用するケースがありました。ただ、今までは、その間に明確な境目（境界）が存在したため、その境界に重点的なセキュリティ対策ができたのです。デジタルツインやサイバーフィジカルシステムでは、各種センサーなどの情報源が非常に多くなるとともに、クラウド環境にデータが蓄積されるまでの経路が多岐に渡るため、境界での集中した対策が難しくなります。また、まったく想定外で足元をすくわれるような、新たなリスクにも十分注意が必要です。

＊ **PDCAサイクル**　Plan（計画）→ Do（実行）→ Check（評価）→ Action（改善）→ Plan…を継続的に繰り返し、業務を改善する方法。

セキュリティ対策を難しくするデジタルとリアルの融合

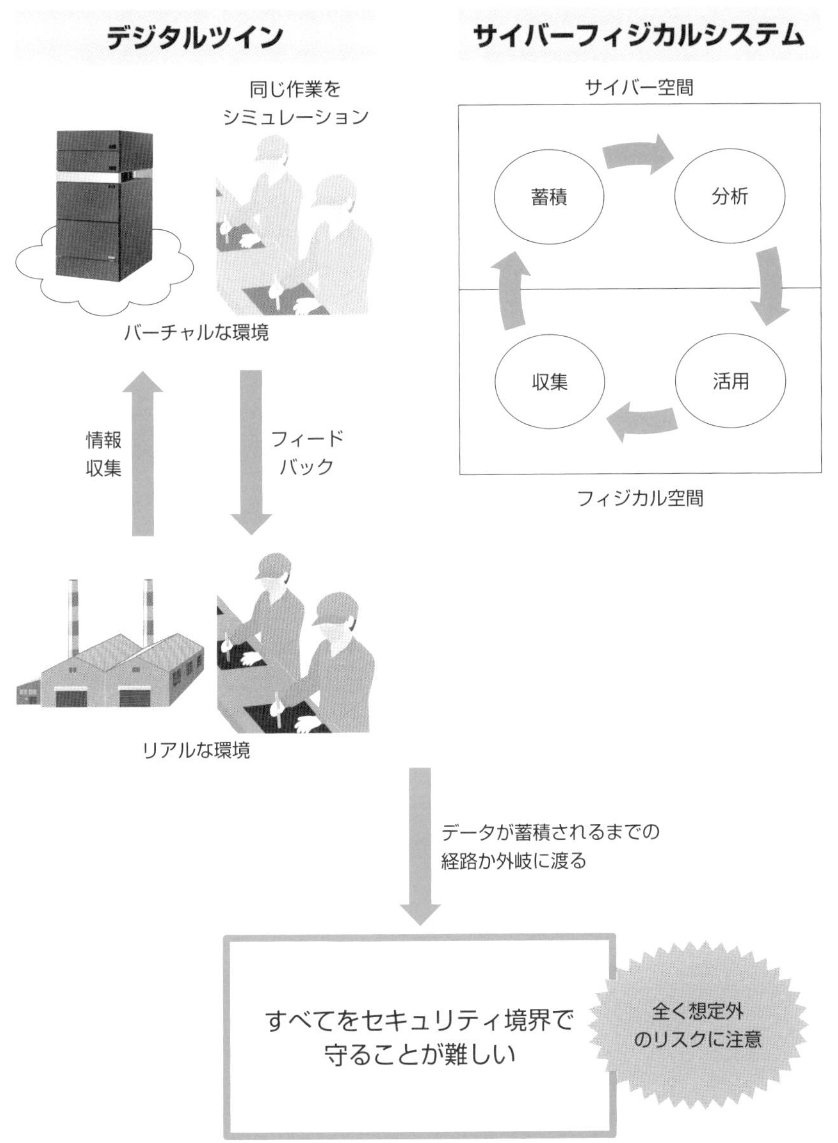

4-4

インターネットに関わるリスク

インターネットは、社会に欠かせないインフラであるとともに、様々なリスクの元凶といった存在でもあります。ただし、リスクを回避するためにインターネットの利用を止めるわけにはいきません。

リスクの元凶 !?

インターネットは、すでに説明してきた様々な脅威に関わります。不正アクセスやマルウェアの感染拡大、Eメールにまつわるリスクは、インターネットの利用から起こります。インターネットは、各種リスクをもたらす悪の根源のようにも思えます。

ただし、これらのリスクを回避するために、インターネットの利用を止めるわけにはいきません。私たちの日常生活やビジネス、社会活動などに欠かせない基盤でもあるからです。基本的には、第2章で触れたゼロトラストモデルのように、**すべてのネットワークは安全ではない（信頼できない）**ことを前提して、リスクへの対処を考えていくことが重要です。

日本におけるインターネットの変遷

今では身近な存在のインターネット。日本で普及が進んだ時代を振り返ってみましょう。1990年代後半まではダイアルアップ接続といって、必要な時だけ電話をかけてインターネットへ接続する方式が主流でした。電話回線として、アナログ回線やISDN*を使い、64kbpsといった低速の通信速度で利用していました。

2000年代に入ると、既存のアナログ回線を使ったADSL*による高速なインターネットの常時接続サービスが普及します。一気にブロードバンド時代へと移ったのです。そして、現在のような光回線や無線回線などの接続方法により、常につながっているのが当然のインターネットになりました。今後も時代に応じて接続の方法や仕組みは変わるでしょうが、インターネットそのものがなくなることはないと思われます。

---

* **ISDN**　Integrated Services Digital Network の略。
* **ADSL**　Asymmetric Digital Subscriber Line の略。

インターネットは危険を前提に対処

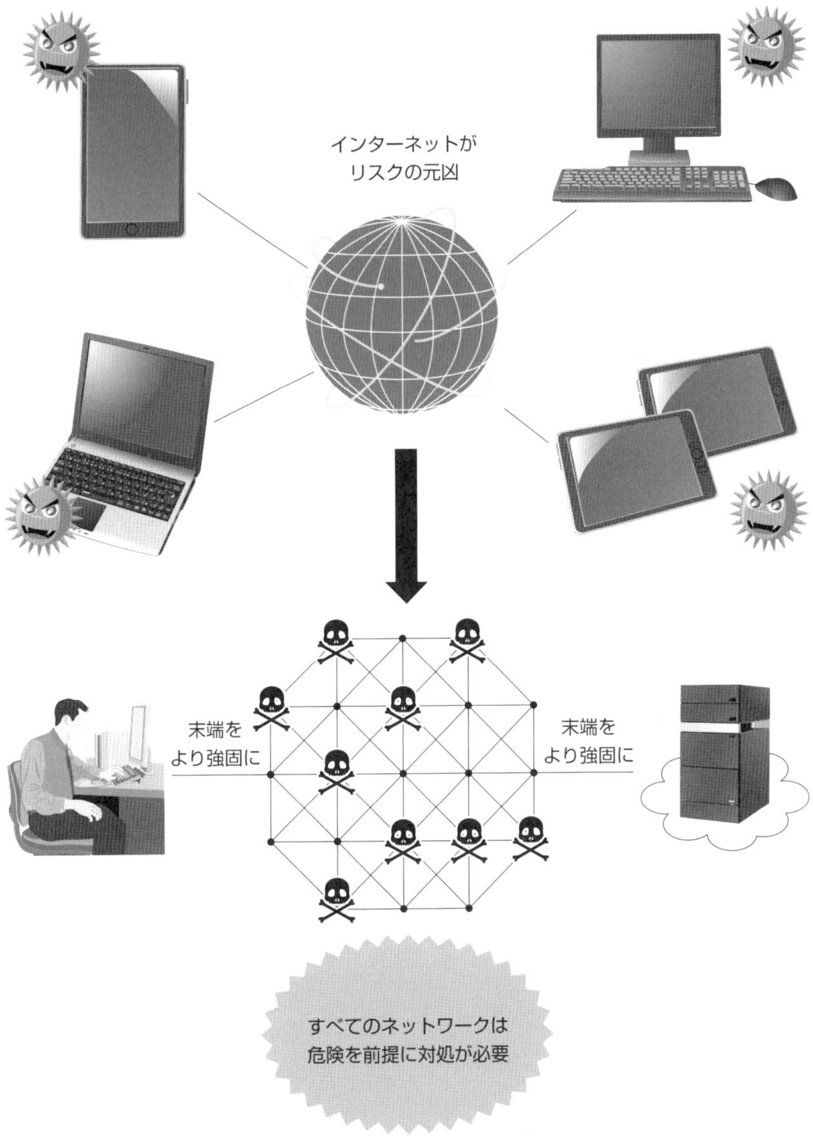
インターネットが
リスクの元凶
末端を
より強固に
末端を
より強固に
すべてのネットワークは
危険を前提に対処が必要

4-5

コンピュータ・ネットワークに関わるリスク

サイバーセキュリティのリスクで中心となるのは、コンピュータ・ネットワークへのリスク。そして、その主体は何度も繰り返し説明してきましたソフトウェアの脆弱性に関わるリスクです。

主体はソフトウェアの脆弱性

サイバーセキュリティに関して、何といってもリスクの中心となるのが**コンピュータ・ネットワーク**です。その中でも、主体となるのがソフトウェアの**脆弱性**。これについては、いろいろなところで繰り返し説明をしてきました。

開発者側では、脆弱性につながるようなプログラムをコーディングしてしまうリスクが考えられ、セキュアコーディングなどの対策が有効です。

利用者側では、脆弱性のあるソフトウェアを使い続けるリスクが考えられます。いち早く脆弱性情報をキャッチして、セキュリティパッチを適用したいところですが、そんな簡単な話ではないのが現実です。自動更新の仕組みがないものもありますし、パッチの適用で支障が生じるリスクも考えられるからです。

ハードウェアのリスク

可用性の面では、ハードウェアに関わるリスクを甘く見るわけにはいきません。単純なトラブルに分類されがちですが、ハードウェアの故障によってサーバーやネットワーク機器が使えなくなるのは、セキュリティリスクの1つです。近年では、メーカーの修理パーツの保有期間が短くなっていることから、故障した際に修理ができないといったリスクも十分考えられます。

機密性の面では、廃棄した機器のディスクドライブなどから、完全に消えていなかった情報を復元されるリスクが典型です。また、コンピュータ関連機器から発せられる電磁波を受信し、画面の表示内容を盗み見したり、キーボードの入力内容を再現したりすることも技術的には可能になっています。

リスクの主体はソフトウェアの脆弱性

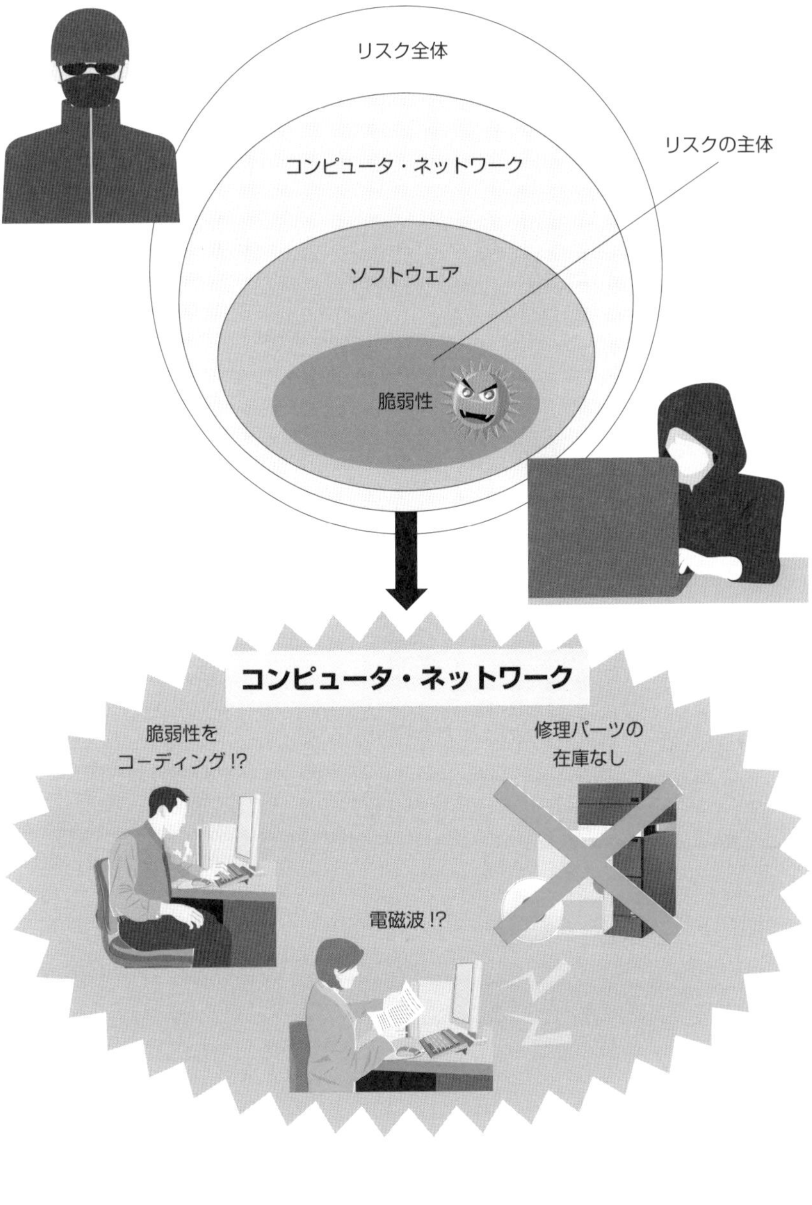

4-6

人に関わるリスク

サイバーセキュリティにおいて、人に関わるリスクをないがしろにはできません。時代に応じて技術的なリスクは変わりますが、人的なリスクは変わらず根強いのが特徴です。

一般的に対処が難しい

人に関わるリスクは対処を非常に難しくします。すでに第３章の中で、内部不正やソーシャルエンジニアリングについて説明しました。

人的なセキュリティの脅威は、特に組織の内部関係者が対象になれば、どうしても身内に疑いの目を向けるのに気が引けます。でも人は、間違いを犯す生き物ですから、人の心の隙間や不注意に関わるリスクは常に存在するのです。

一向に減らない人的なリスク

人に関わるリスクの特徴として、時代が変わっても同じようなリスクが一向に減らないことです。代表的なものを３つ確認しておきます。

❶機器の紛失

会社貸与のスマートフォンをどこかに落としたり、ノートパソコンを入れたカバンを置き忘れたりすることです。

❷うっかりクリック

怪しいメールの添付ファイルをうっかりクリックすることです。メールの件名や内容が巧みに細工されるようになり、よりリスクが高まっているともいえます。

❸魔が差す

人の心は弱いもの。ついつい重要な情報を持ち出すといった犯行が後を絶ちません。ほんの出来心としても、不正行為に変わりはないのです。

一向に減らない人に関わるリスク

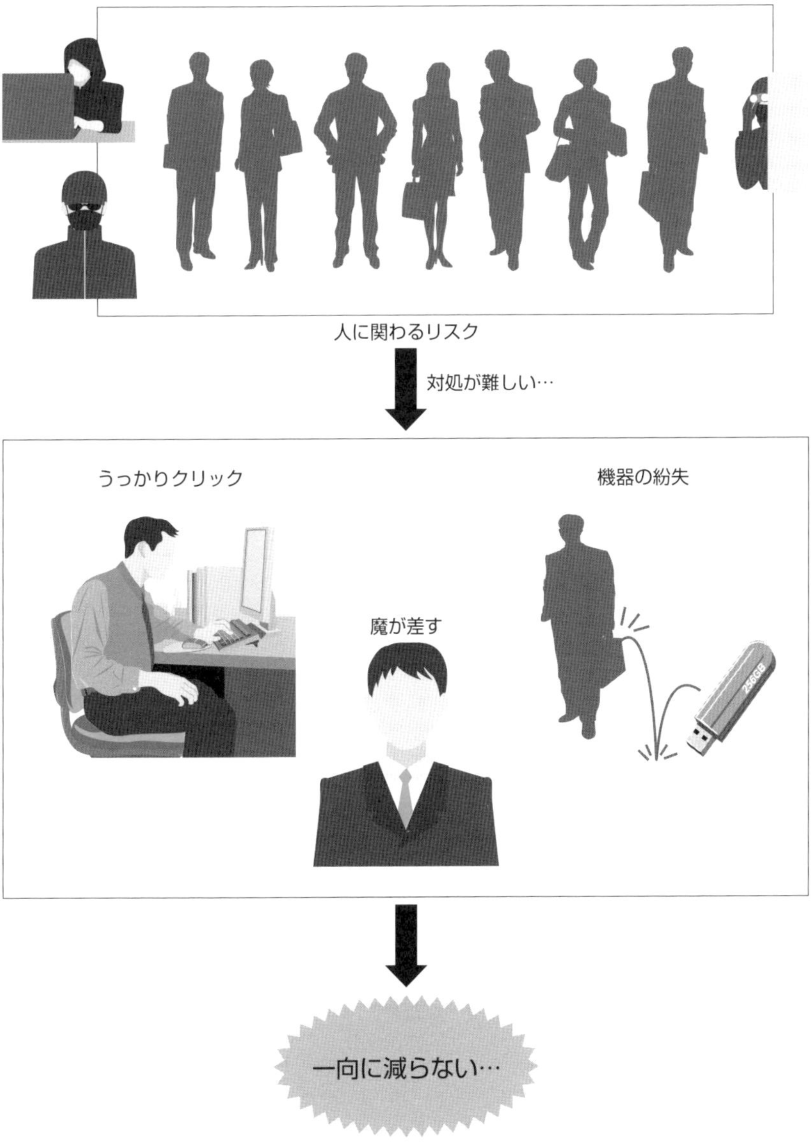

4-7

物理環境に関わるリスク

サイバーセキュリティに無関係だと思われがちな物理環境に関わるリスク。本格的なサイバー攻撃に向けての偵察ステップでは、施設に出入りする業者などになりすましての物理侵入などが考えられます。

サイバー攻撃における偵察目的

物理環境に関わるリスクといえば、特にサイバー攻撃の初期段階において注意が必要です。悪意のある第三者が建物の中に侵入し、本格的な攻撃に向けての下調べなどを行います。第３章で説明したサイバーキルチェーンでは、最初のステップとなる偵察です。

重要な情報を取り扱う業務は、一般的にICカードなどで入退管理された建物内で行われているかと思います。そういったセキュリティ対策が施された上で、想定されるリスクを説明します。

想定されるリスク

施設や部屋の入口で入退管理が行われていたとしても、たとえば「共連れ」といったドアが開いたタイミングで一緒に入室したり、入室した外部の関係者が必要以上に社内を自由に行動できたりといったリスクがないでしょうか。清掃業者など、どの時間帯にどの範囲で作業が可能か把握しておくことが重要です。

また、入室者が使用できる情報機器（パソコンやスマートフォン、デジタルカメラ、ICレコーダーなど）の取り扱いに関するリスクにも注意が必要です。

設置環境の面では

機器などの設置環境の面では、一般的に可用性に関わるリスクが中心となります。地震による転倒や水漏れトラブル、停電などの影響がないかです。そういった点からは、サイバーセキュリティに直接関係しないことが多いかもしれません。ただ、最初から対象外と決めつけずに、リスクを考えることが重要です。

物理的な侵入による偵察行為

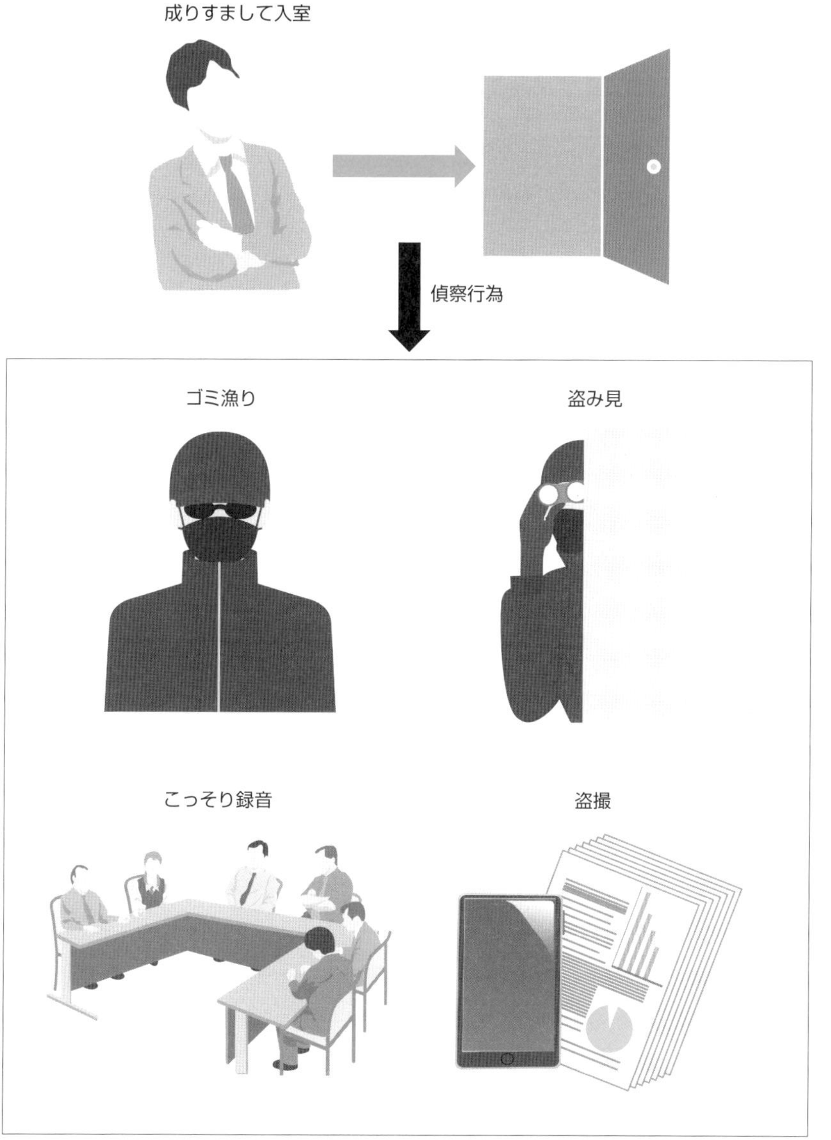

4-8

事業継続に関わるリスク

重大なセキュリティインシデントが発生した場合、事業活動に大きな影響を及ぼすことが考えられます。その際には、事業継続計画（BCP）に基づいた有事の体制にて対処を行います。

事業継続計画とは

事業継続計画は、企業が地震などの自然災害や伝染病などのパンデミック、テロ攻撃などの緊急事態に遭った際に、被害の影響を最小限に留め、中核となる事業の継続と早期復旧のための手順などをまとめたものです。一般的に**BCP**＊と呼ばれ、特に日本では2011年に起きた東日本大震災の後に、大企業だけでなく中小企業においてもその重要性が再認識されました。

今ではBCPを発動する緊急事態の中に、サイバー攻撃の被害影響を含むことが多くなっています。サイバー攻撃を受けたことにより、事業の継続が難しくなるリスクにどのようなことが考えられるのか、あらかじめ検討が必要です。

有事体制による復旧

緊急事態が発生した際は、BCPで定めた有事の体制による復旧活動へと移行（BCPを発動）します。そのBCPの発動ですが、地震では「震度６強以上で建物の一部が崩壊」といった発動基準を設けます。

サイバー攻撃ならば、不正アクセスやマルウェア感染などによって中核システムが使えなくなり、顧客へのサービス提供などに著しく影響が及ぶといった基準が考えられます。

ただし、地震では物理的な影響がすぐに判別できますが、サイバー空間ではその影響がはっきりしないことが多いはずです。事の重大さに気づいた時には、想定した復旧方法では対処できないほど被害が深刻化しているかもしれません。よって、**インシデントレスポンス**による対応から、BCPへ適切にエスカレーション＊することが重要です。このインシデントレスポンスついては、第５章で説明します。

＊ **BCP**　Business Continuity Planの略。

＊ **エスカレーション**　「段階的な上位へのアプローチ」の意。具体的には、上長の判断や指示を仰いだり、対応を要請すること。

BCPによる復旧

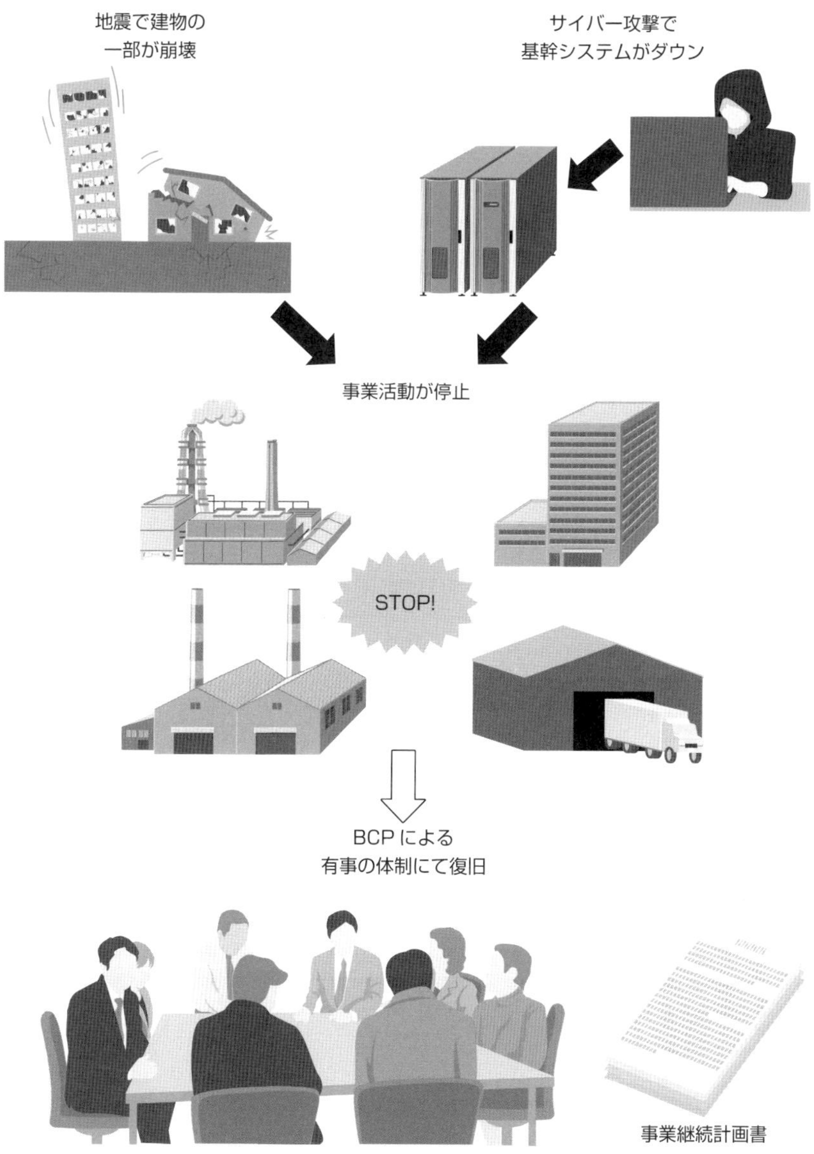
地震で建物の
一部が崩壊
サイバー攻撃で
基幹システムがダウン
事業活動が停止
STOP!
BCPによる
有事の体制にて復旧
事業継続計画書

4-9

社会的信頼に関わるリスク

サイバー攻撃を受けて、特に情報漏洩やサービス停止などの被害がなくても安心はできません。その影響は、風評被害のように企業に大きなダメージを与えるかもしれないからです。

レピュテーションリスクとは

社会的信頼に関わるリスクの代表的なものが**レピュテーションリスク***です。企業に対するネガティブな評価が広まった結果、企業の信用やブランド価値が低下して損失を被るリスクのことをいいます。

わかりやすい例としては、アルバイトが業務中に悪ふざけした動画をSNSに投稿。その影響で、来店者が減少するだけでなく、企業イメージそのものが悪くなった事件がありました。

食品の産地偽装や個人情報漏洩などの不祥事により、顧客や株主だけでなく社会全体から信頼を失い、経営危機に追い込まれた企業も少なくありません。仮にちょっとした不手際だとしても、決して甘く見ることはできないのです。

サイバー攻撃から風評被害に

従来、セキュリティの事件・事故が発生した場合、直接的な被害だけが問題視されました。たとえば、重要な情報を記録したUSBメモリを紛失したとしても、データの暗号化によるセキュリティ対策を施し、その情報が悪用されなければ問題ないと考えていたのです。

しかしながら、今はそうではありません。「情報の取り扱いに問題を抱えているのではないだろうか……」「そういった企業と重要な情報をやり取りするのは危険そうだ……」といった風評が、ビジネスに多大な影響を与えるのです。

直接的な被害の影響は少なくても、風評により間接的な被害は大きくなる傾向があります。時代とともに、サイバーセキュリティからレピュテーションにつながるリスクが高まっているようです。

---

* **レピュテーションリスク**　**風評リスク**とも呼ばれる。

レピュテーションリスクによる影響

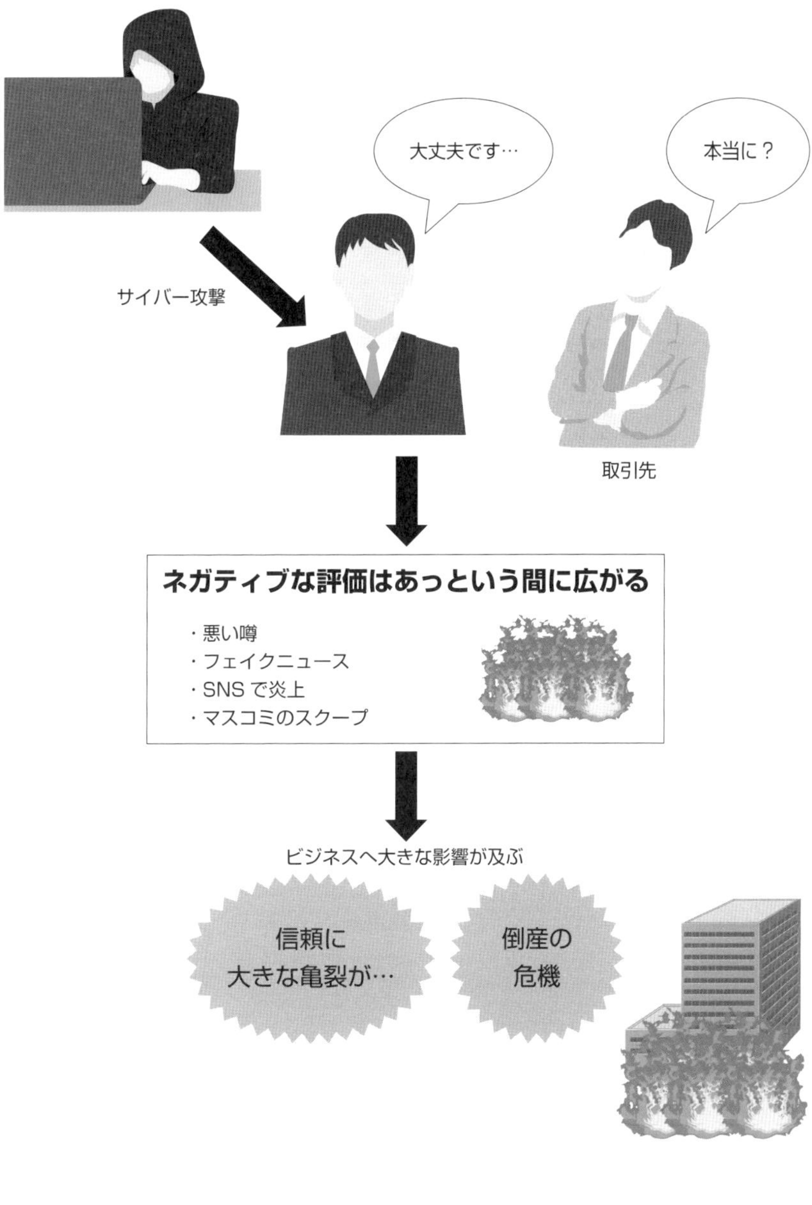

4-10

サイバーセキュリティは総合リスクへの対処

サイバーセキュリティは、企業のビジネスリスクとして広い概念で扱われるようになっています。リスクは入口から中心へ、そして出口につながる総合的なセキュリティリスクとして考えることが必要です。

総合的なセキュリティリスクへの考え

ここまでいろいろなリスクを説明してきました。第1章では「サイバーセキュリティは、総合的なセキュリティリスクへの対処」だともいいました。ここで、あらためて**総合リスク**について説明します。

本格的にサイバーセキュリティ対策への提唱が始まったのは、2010年頃だと推測されます。サイバー攻撃の目的が多様化し、専門集団による金銭目的やハクティビストによる主義主張、国家支援組織による犯罪など、ターゲットを明確にした高度な標的型攻撃が増えてきてからです。国においては、国際政治・安全保障の問題としてサイバーセキュリティが扱われるようになりました。

一方、企業などの組織では、業務上の情報セキュリティリスクを低減することから、ビジネスリスクとして広い概念でリスクを認識するようになります。ビジネスのデジタル化が進み、環境変化が起こっているからです。サイバーセキュリティをデジタル社会における総合リスクとして捉えるように変わってきています。

リスクは入口から出口につながる流れ

確かにサイバーセキュリティで中心となるのは、コンピュータ・ネットワークに関わるリスクです。ただ、繰り返し説明してきた通り、人に関わるリスクや物理環境に関わるリスクは、サイバー攻撃の脅威となる重要なリスクの入力なのです。

そして、サイバー攻撃は最終のリスクにつながるかのように、レピュテーションリスクへと影響を及ぼします。企業が社会的信頼を得るには地道な努力の積み重ねが必要ですが、それを風評被害などで失うのは、あっという間です。

総合的なセキュリティリスクの流れ

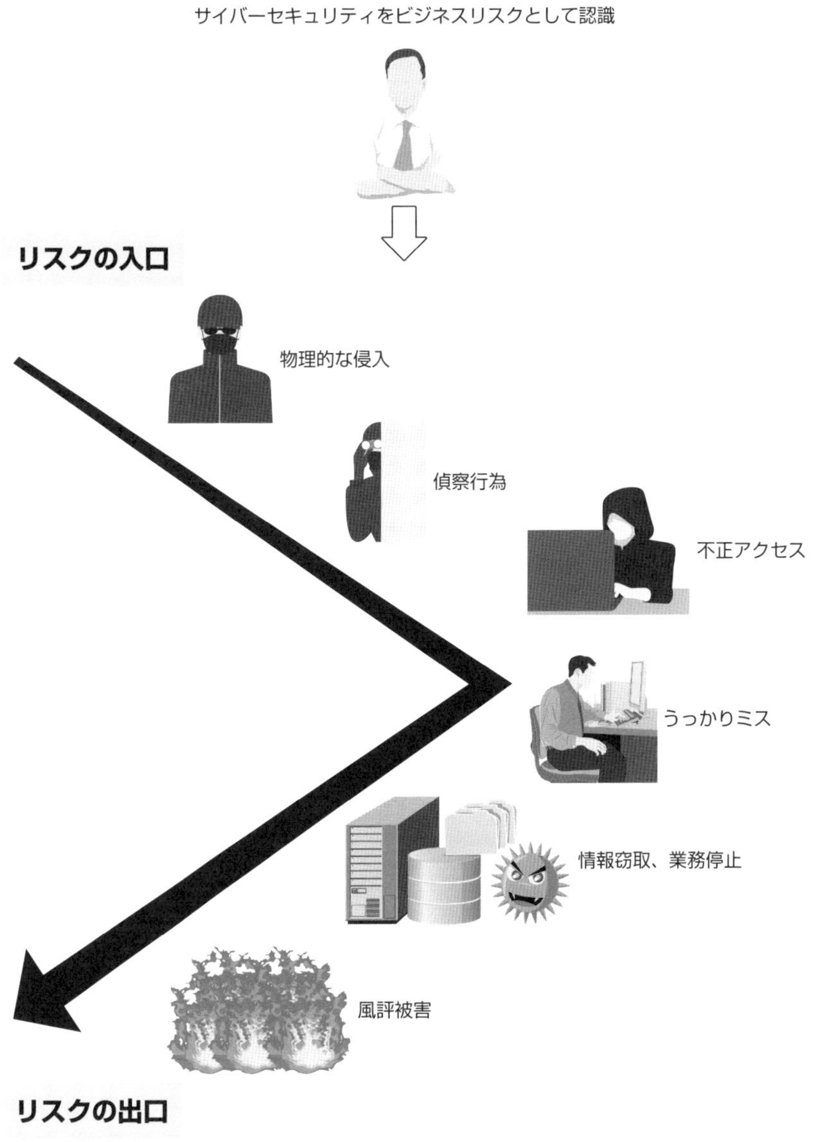

4-11

経営リスクへの影響

サイバーセキュリティは、企業のビジネスリスクとして経営層による経営判断が必要です。しかしながら、日本では経営者によるリスクへの認識が薄い傾向にあり、問題視されています。

経営へのインパクト

企業がサイバーセキュリティを**ビジネスリスク**の１つと考えるのは、サイバーセキュリティの**経営に与える影響**が大きくなっているからです。ビジネスリスクといえば、経営戦略リスクや財務リスク、法的リスク、労務リスクなど多岐に渡ります。それぞれのリスクに対して、経営層が必要な経営判断をしていきます。

従来の情報セキュリティというと、部門長など下位レベルにてリスクの判断をすることが多かったと思います。それがサイバーセキュリティでは、経営レベルでリスクを取り扱うように変わってきているのです。

たとえば、個人情報漏洩などの事件・事故が起これば、経営層が謝罪会見などを行うのがあたり前になっています。被害者となった個人への損害賠償では、過去の裁判例から１人あたり想定金額と漏洩件数を掛け、どの程度の損害額になるか経営へのインパクトを評価します。

さらに近年では、それが**レピュテーションリスク**につながる恐れがあります。そうなると、顧客や取引先の信頼を失って、どのくらい業績に影響が出るのか想定が難しくなります。会社の経営を大きく揺るがす可能性も否定できません。

リスクへの認識が低い!?

時代はそのように変化しているのですが、「欧米企業に比べて、日本の経営者はサイバーセキュリティに対する認識が薄い」と言われています。経営レベルで取り扱うリスクではないと思われていることが多いのです。

セキュリティに関しては、ITと同じように３文字略語が多く用いられるため、難しい面もありますが、それでリスクをないがしろにすると重大事を招きかねません。

経営リスクとしての認識が薄い!?

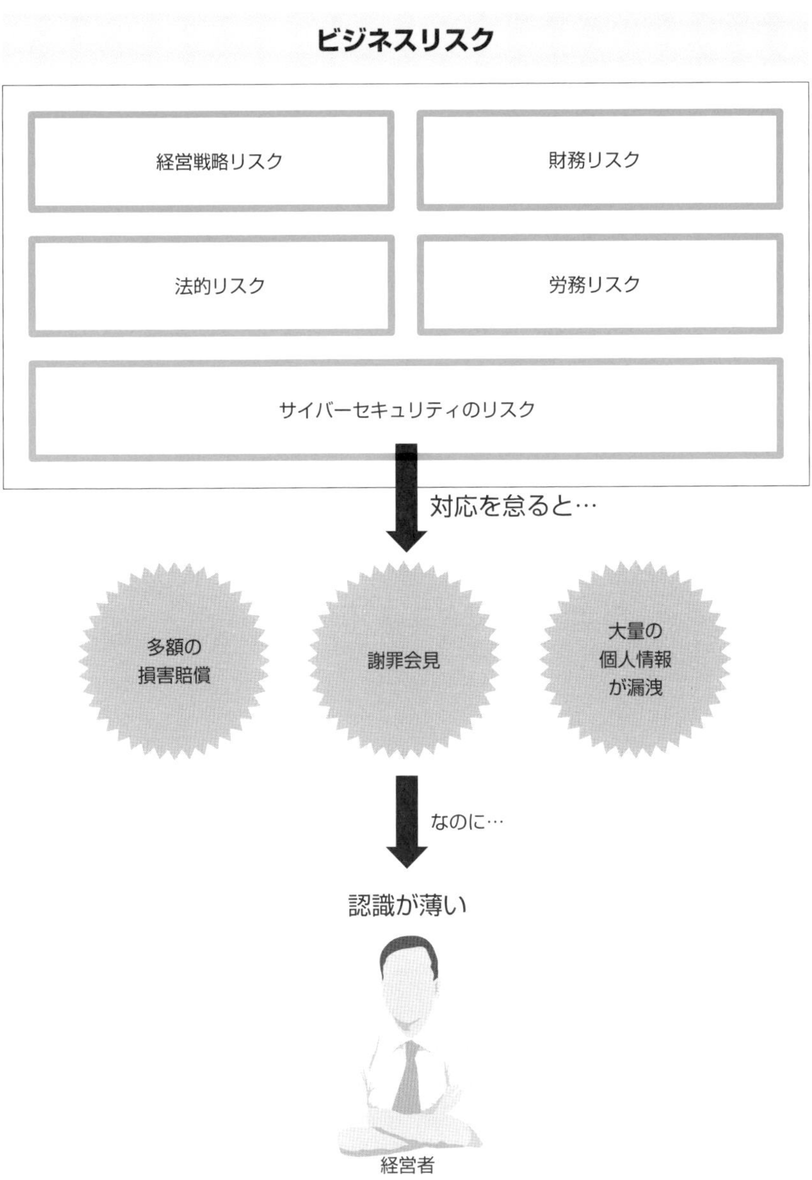

4-12 対策が進まない要因

サイバーセキュリティ対策が一向に進まないと答える企業は少なくありません。その理由はいろいろ考えらますが、そもそもセキュリティ対策には実施を難しくする要因があるのです。

セキュリティ対策の投資効果

サイバー攻撃の脅威が高まっているとはいえ、多くの企業ではセキュリティ対策の実施が不十分だと思われます。確かに、完璧な対策なんてできません。ですが、そもそもセキュリティ対策には、その**実施（投資）を難しくする要因**があるのです。

たとえば、設備機械を導入するのにお金を使う（設備投資する）とします。その際には、投資に対するリターン（利益）を計算して予算を確保したり、実施の判断をしたりするわけです。近年では、DCF法*などで評価することも多くなっています。

しかしながら、同様な評価によりセキュリティ対策を考えると、そのリターンを計算できません。あたり前のことですが、対策により将来の利益（キャッシュフロー）が直接増えることはないからです。

数値化するのが難しい

その一方で、仮にプラス面はなくても、将来の収益減など、マイナス面の可能性は否定できません。

ただし、過去に自社でランサムウェアなどの感染はなかったでしょうから、サイコロの目が出るような確率（頻度）での評価はできません。

被害額についても、被害の影響が及ぶ範囲の想定が非常に難しく、レピュテーションリスクなどを考えると想定すらできなくなります。

このようなことから、マイナスのダメージ金額を計算することも難しいのです。担当者は上司が納得するような説明ができないため、稟議書を回して決議を取るなんてできません。

---

* **DCF法**　将来の収益（キャッシュフロー）を現在の価値に割り引いて企業価値を評価する手法。Discounted Cash Flow（ディスカウントキャッシュフロー）の略。

難しいセキュリティ対策への投資判断

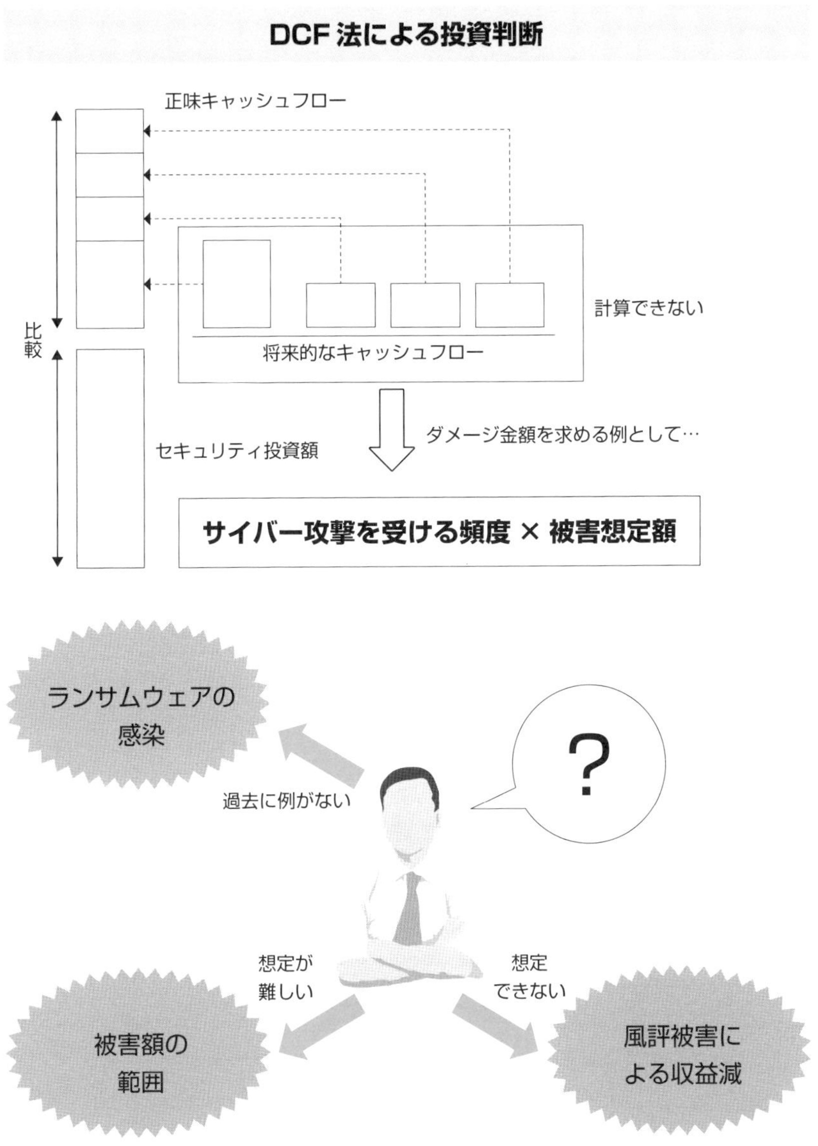

4-13

トップダウンの意思決定

サイバーセキュリティ対策を本来の目的で推進するには、経営層によるトップダウンの体制が欠かせません。そもそも不確実性の高いリスクは、経営レベルで大きく判断する必要があります。

セキュリティ対策を進める理由 !?

投資効果の説明が難しいのがサイバーセキュリティ対策。どうしても対策の実施は後回しになりがちです。実際には、次のような事由で対策を進めることが少なくないのです。

❶競合他社との比較

ベンチマークとなるライバル企業が実施しており、取引先からセキュリティ要件として比べられる（競合他社に案件を奪われる）。

❷予算の執行状況

今年度確保していた予算が余りそうなので、ここで実施しておきたい（予算を余らせると来年度の予算削減になりかねない）。

トップダウンの推進体制が欠かせない

こうして対策を進めることは本末転倒ですが、「サイバー攻撃を受けるかどうかは非常に微妙。でも攻撃を受けたら、被害影響は計り知れないかもしれないかも……」といった不確実性の高いリスクは、そもそも経営レベルで判断すべき領域なのです。

担当者起点のボトムアップで実施を推進するのではなく、経営判断で方向性を大きく決め、**トップダウン**で詳細を詰めていかないと、対策は一向に進みません。サイバーセキュリティは経営層で大きく意思決定をすべきリスクなのです。こうしたことから、企業の経営課題の1つとして、サイバーセキュリティ対策に取り組むべきだと言われています。

対策を進めるにはトップダウンが必要

セキュリティ対策を進める理由
競合他社が
やっている!?
予算が
余った!?
これが本来の目的？
ボトムアップでの決議が難しい…
経営層がトップダウンで方向性を示す
経営課題として
取り込む

4-14

サイバーセキュリティ経営ガイドライン

サイバーセキュリティ対策を企業の経営課題として取り上げているのが、サイバーセキュリティ経営ガイドライン。サイバーセキュリティ対策への投資は、経営者の責務なのです。

サイバーセキュリティ経営ガイドラインとは

サイバーセキュリティ経営ガイドライン*は、企業の経営者に向けて、経済産業省と情報処理推進機構が策定したガイドラインです。

ガイドラインでは、サイバーセキュリティは**経営課題**であり、経営者がリーダーシップを取って進めるべき内容だと強調。経営者が認識する必要がある「3原則」と、対策の実施責任者となる幹部に指示すべき「重要10項目」をまとめています。

また、「重要10項目」の活用事例などを説明した「実践のためのプラクティス集」というドキュメントがあります。サイバーセキュリティ経営ガイドラインを、具体的に理解するための参考書です。

ガイドラインの趣旨は

ガイドラインの趣旨としては、これまで説明してきた内容と重なります。サイバー攻撃が金銭の詐取などの直接的な被害だけでなく、インシデントにより株価や純利益が下落・減少するといった間接的な被害も与えているため、経営者が経営課題として認識する必要があること。そして、リーダーシップを発揮して、対策の実施責任者へ指示していくことの重要性です。

サイバーセキュリティ対策は、一般的に支出だけを伴う「コスト」だとの認識が少なくありません。そうではなく、将来の被害を抑えてリターンをもたらす「投資」と考えるべきであり、対策への投資は必要不可欠かつ経営者としての責務だと提唱しています。サイバー攻撃により企業価値が下がるようなことがあれば、確かに経営者の責任だといえます。

---

* **サイバーセキュリティ経営ガイドライン**　次のWebサイトから関連するドキュメントとともにダウンロードできる。「サイバーセキュリティ経営ガイドラインと支援ツール」(https://www.meti.go.jp/policy/netsecurity/mng_guide.html)

サイバーセキュリティ経営ガイドラインの3原則と重要10項目

サイバーセキュリティ経営ガイドライン
Ver 2.0
経済産業省
独立行政法人 情報処理推進機構

サイバーセキュリティ経営ガイドラインVer 2.0
実践のためのプラクティス集 第3版
IPA
独立行政法人 情報処理推進機構

出所 https://www.meti.go.jp/policy/netsecurity/mng_guide.html

経営者が認識すべき 3原則

1. 経営者は、サイバーセキュリティリスクを認識し、リーダーシップによって対策を進めることが必要
2. 自社は勿論のこと、ビジネスパートナーや委託先も含めたサプライチェーンに対するセキュリティ対策が必要
3. 平時及び緊急時のいずれにおいても、サイバーセキュリティリスクや対策に係る情報開示など、関係者との適切なコミュニケーションが必要

サイバーセキュリティ経営の 重要10項目

1. サイバーセキュリティリスクの認識、組織全体での対応方針の策定
2. サイバーセキュリティリスク管理体制の構築
3. サイバーセキュリティ対策のための資源（予算、人材等）確保
4. サイバーセキュリティリスクの把握とリスク対応に関する計画の策定
5. サイバーセキュリティリスクに対応するための仕組みの構築
6. サイバーセキュリティ対策における PDCA サイクルの実施
7. インシデント発生時の緊急対応体制の整備
8. インシデントによる被害に備えた復旧体制の整備
9. ビジネスパートナーや委託先等を含めたサプライチェーン全体の対策及び状況把握
10. 情報共有活動への参加を通じた攻撃情報の入手とその有効活用及び提供

4-15

目指すのは社会的課題の解決

サイバーセキュリティ対策における課題を俯瞰すると、日本の抱える社会的な課題が見えてきます。サイバーセキュリティ対策の課題解決は、社会経済の持続的発展への一翼を担うのです。

サイバーセキュリティ対策の課題

わが国のサイバーセキュリティ対策における大きな課題として、経済産業省では次の５つを挙げています。

❶サイバーセキュリティに対する企業経営者の認識が必ずしも十分ではない。
❷ユーザー企業が保有すべきセキュリティ技術や人材を生む出す中核的な場がない。
❸企業にとってサイバーセキュリティ対策の費用対効果が見えにくい。
❹専門的な知識や技能を備えたセキュリティ人材の不足。
❺サイバーセキュリティ対策に十分な資金が流れていない。

これらを俯瞰（ふかん）して見ると、経営者意識や人材の育成・活用、投資資金への流れなど、サイバーセキュリティに固有の課題というより、日本が抱える社会的な課題のように思えます。

課題を解決するには

サイバーセキュリティ対策への課題解決は、セキュリティリスクから我々を守るだけでなく、その活動を通じて社会的課題の解決につながるはずです。持続的に社会経済を成長させていくためにも、各企業や行政、個人が協力しながら、継続的にサイバーセキュリティ対策への改善を進めるべきです。

①経営者との共通認識を醸成、②投資の促進、③対策を実装するための仕組み作り、④人材育成、といった取り組みがエコシステムのように循環することを期待します。

サイバーセキュリティ対策が社会経済の持続的発展を担う

COLUMN Kali Linux

技術的なセキュリティ評価に用いられるツールの1つがKali Linux（カーリー リナックス）です。ホワイトハッカー御用達のLinuxとも言われています。

Kali Linuxには、ペネトレーションテスト（第5章で説明）等で用いられるソフトウェア（300以上）が、あらかじめ13の分類に分かれてインストールされており、下記のURLより無償でダウンロードできます。

①Information Gathering（情報収集）
②Vulnerability Analysis（脆弱性診断）
③Exploitation Tools（脆弱性を利用した攻撃用ツール）
④Wireless Attacks（ワイヤレス通信の攻撃用ツール）
⑤Forensics Tools（証拠保全・分析などのツール）
⑥Web Applications（Webアプリケーション）
⑦Stress Testing（負荷テスト）
⑧Sniffing & Spoofing（盗聴 & なりすまし）
⑨Password Attacks（パスワード攻撃）
⑩Maintaining Access（アクセス権の維持）
⑪Hardware Hacking（ハードウェアハッキング）
⑫Reverse Engineering（リバース・エンジニアリング）
⑬Reporting Tools（レポートツール）

▼Kali Linux

```
https://www.kali.org/
```

▼Kali Linuxのデスクトップ画面

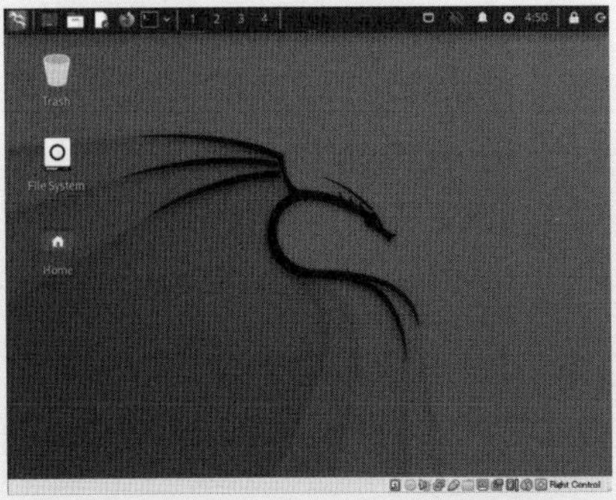

第5章

サイバーセキュリティ対策の進め方

本書のまとめとして、サイバーセキュリティ対策を進めるにあたっての重要なポイントと、セキュリティリスクに応じた対策の概要を説明します。

5-1

セキュリティ対策の原則

セキュリティ対策を行う目的とは何か？　あらためて聞かれると答えに困窮しませんか。セキュリティ対策を進める中で、対策の実施が目的化しないよう注意が必要です。

対策を行う目的は？

セキュリティ対策をなぜ行うのでしょうか？　今さらそんなことを聞くのかといった感じですよね。ただ、第４章の後半で少しお話した通り、実際には「競合他社が実施しているから……」「今年度の予算が余ったから……」といった声が挙がります。

また、セキュリティ対策を進める中で、何を目的にセキュリティ対策を実施しているのか、よくわからなくなることもあるのです。「ホントかよ」と思われるかもしれませんが、セキュリティ対策を行うことが目的のように変わるのです。対策の導入や実施が目的の達成になり、第１章でも少し触れた**手段の目的化**が始まります。

セキュリティ対策は、あくまでも手段です。よって、目的というのは対策が必要となる要因になります。ここまでいろいろ説明してきた通り、その要因とは**リスク**があるからです。リスクに対処するために対策を行います。きわめてあたり前のことです。

対策はリスクから導かれる

セキュリティ対策が必要となる要因がリスクだとしたら、いきなりセキュリティ対策の検討からスタートすることはありません。しかし、よく考えたら「どのセキュリティ対策製品を導入しようか」とWebサイトを調べたり、ベンダーの提案を受けたりと、対策ツールなどの検討から始めていないでしょうか？　そうして手段の目的化が進んでいきます。

そもそもセキュリティ対策は、その要因となるリスクに応じて決まります。リスクの状況により、必要な対策は変わってきます。つまり、「対策はリスクから導かれる」という原則があるのです。

対策はリスクから導かれる

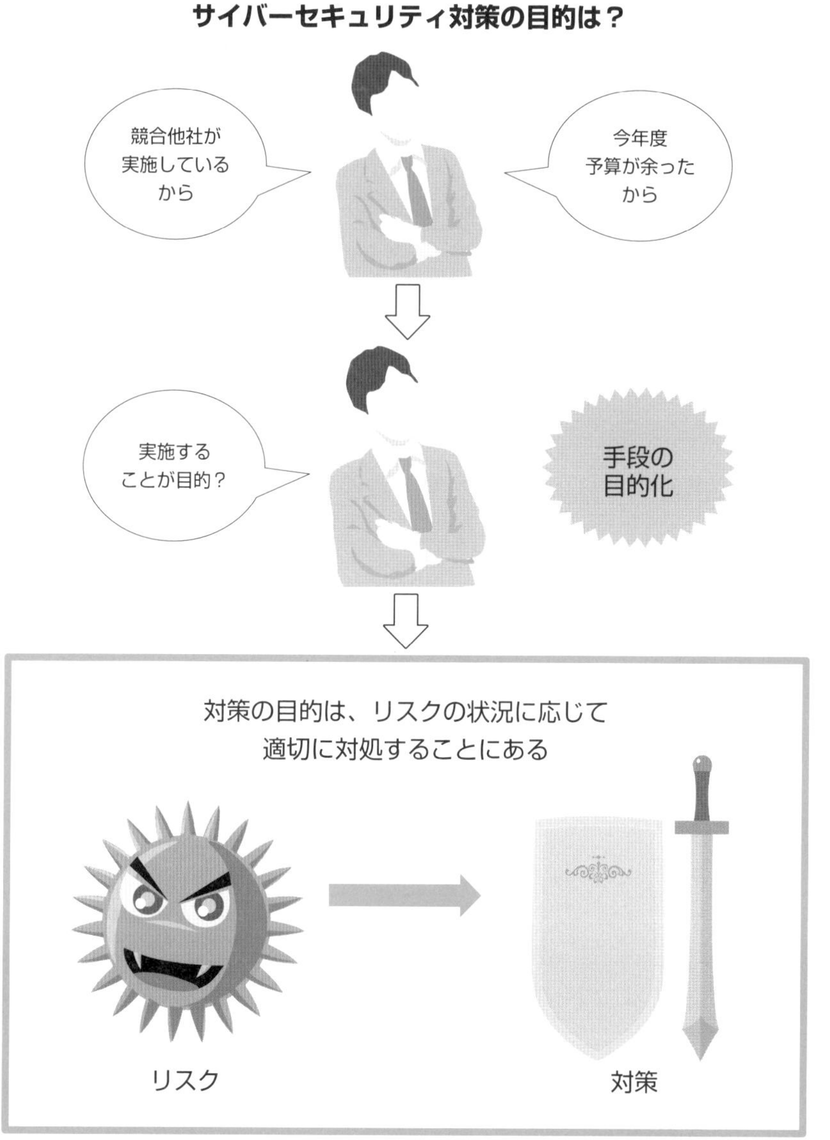
サイバーセキュリティ対策の目的は？
競合他社が
実施している
から
今年度
予算が余った
から
実施する
ことが目的？
手段の
目的化
対策の目的は、リスクの状況に応じて
適切に対処することにある
リスク
対策

5-2 リスクアセスメント

リスクの現状を把握するのがリスクアセスメントです。リスクアセスメントした結果から、どのようにリスクに対処するのか決めていきます。中途半端なリスクの把握は、対策を的外れにするので注意が必要です。

リスクアセスメントとは

対策はリスクしだいですから、重要なのは「リスクがどのような状況なのか」を把握することです。わかりやすくいうとリスクの現状分析。それが**リスクアセスメント**です。リスクアセスメントは、次の３つのプロセスから構成されます。

❶リスク特定

リスクを見つけてそれを認識すること。「不信なメールの添付ファイルを誤って開いてしまうことがある」といったことです。

❷リスク分析

リスクの内容を把握してそのレベルを決めること。脅威や脆弱性、影響度などを、数段階のレベルで示したりします。

❸リスク評価

リスク分析した結果（**リスク値**）をリスクの受容基準と比較し、受容する/しないを決めること。受容とは、リスクを受け入れる（現状のままにする）ことです。

リスクアセスメントのポイント

リスクアセスメントが中途半端に行われていると、それによって導かれる対策も中途半端で的外れになることが考えられます。計測機器などを使ってリスク値を求めることは難しいため、おおまかな分析や評価になりがちです。単に数値を上下（調整操作）するような机上の空論にならないように注意してください。

リスクアセスメントの流れ

1 リスク特定

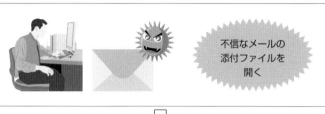

不信なメールの添付ファイルを開く

2 リスク分析

脅威のレベル（起こる頻度は？）	3（高い）	**2（中程度）**	1（低い）
脆弱性のレベル（守りの強度は？）	3（高い）	**2（中程度）**	1（低い）
影響のレベル（被害の大きさは？）	**3（高い）**	2（中程度）	1（低い）

3 リスク評価

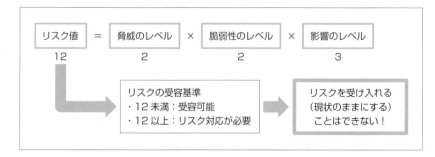

リスク値 ＝ 脅威のレベル × 脆弱性のレベル × 影響のレベル

12 ＝ 2 × 2 × 3

リスクの受容基準
- 12 未満：受容可能
- 12 以上：リスク対応が必要

→ リスクを受け入れる（現状のままにする）ことはできない！

5-3 対策へのアプローチ

リスクアセスメントからセキュリティ対策へと導く過程で、リスク対応という「対策の方向性」を決める選択があります。リスク対応では、その選択肢の中から低減を選ぶことが多くなります。

リスク対応とは

リスクアセスメントの結果により、リスクをそのまま受容するのか、リスクへの対処が必要なのかを決めました。このリスクへの対処を**リスク対応**といいます。リスク対応として、ここでは次の４つの選択肢を説明します。

❶低減

リスクの大きさを下げることです。受容できないリスクに対して、低減策（対策）を講じます。リスク対応の多くでは、この低減を選択します。

❷回避

リスクが起こることを止めることです。たとえば、テレワークに関するリスクであれば、テレワークそのものを禁止します。

❸移転（共有）

リスクを他所に移すことです。たとえば、サイバー保険に加入して被害が発生した際の保証を受けるなどです。

❹受容（保有）

リスクをそのまま受け入れることです。リスクアセスメントのリスク評価において、リスク値が受容基準を満たす（リスクが低い）場合と同じです。リスクが高くても、現実的に低減などによる対策が難しいケースでは、そのリスクを十分認識した上で、あえてリスク対応で受容することがあります。

リスク対応の多くは低減

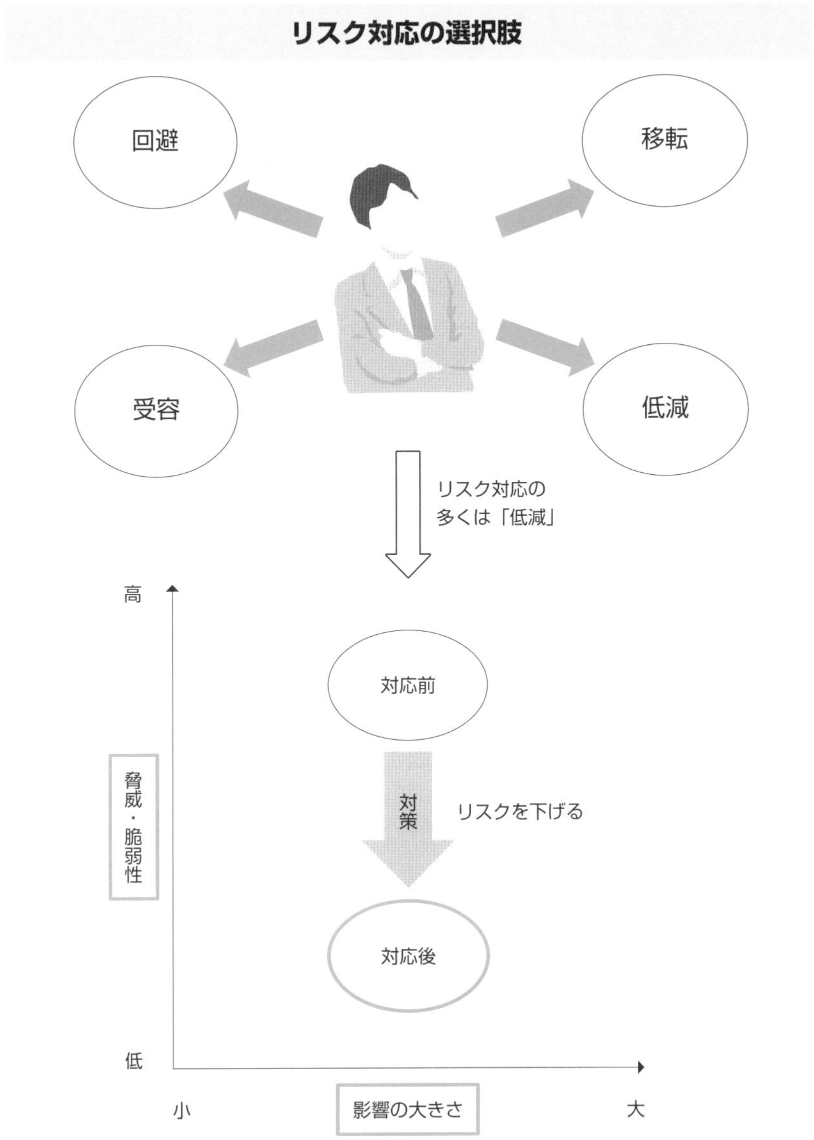

5-4

セキュリティ管理 VS セキュリティ対策

セキュリティ管理とセキュリティ対策は、一連のプロセスとして取り組むため、その違いを意識することは少ないはずです。ここでは、あえてその違いを説明しておきます。

セキュリティ管理とは

セキュリティ管理とセキュリティ対策に違いはあるのでしょうか？　確かに言葉に違いはありますが、同じように用いられることが多いと思います。

一般的に**セキュリティ管理**とは、セキュリティ対策を進めるための基本方針や体制、活動のためのルールなどを定め、それに基づき全体を統制していく枠組みです。もちろん、リスクアセスメントの方法や手順なども含みます。

また、セキュリティ管理の内容は、次に説明するセキュリティ対策の内容を含めてドキュメント化します。いわゆる社内規程（内規）といった文書にまとめることです。

セキュリティ対策とは

これに対して**セキュリティ対策**は、リスクアセスメントから導かれた手段です。その多くはリスクを低減するための手順やツールなどの利用になります。具体的には、人が決められたルールを守るといった運用面で実施するものと、ハードウェアやソフトウェアによる対策製品を導入してシステム的に実施するものがあります。

たとえば、関係者以外が事務所に入室するといったリスクを低減するには、入口に掲示した「関係者以外は立ち入り禁止！」の張り紙による注意喚起や、目立つように監視カメラを設置しての牽制（けんせい）、ICカードなどによる入退室管理システムの導入などが考えられます。

実際にどのような対策を実施するかは、リスクの内容しだいです。張り紙する程度でリスクを下げる効果があるのか、お金をかけて入退室管理システムを入れないとダメなのか、予算も含めて十分検討する必要があります。

セキュリティ管理とセキュリティ対策

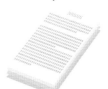

5-5
組織的対策

人の役割と責任を明確にし、その体制を整備するのが組織的対策の基本です。また、テレワークにあたっては、運用面で担当者が守るべきルールを定め、その順守を徹底します。

組織的対策とは

組織的対策として、ここでは次の４つを説明します。

❶サイバーセキュリティの役割と責任

サイバーセキュリティ管理や対策を進めるための組織体制を整備します。管理責任者や推進担当者などの役割を決め、必要な権限を与えて責任を明確にします。

❷職務の分離

たとえば、内部不正のリスクを低減するために、重要な情報資産の取り扱いを単独で行うのではなく、複数人で相互にチェックすることです。通常の業務フローの中に、業務上で実施すべきルールとして含めます。

❸外部組織との連絡体制

重大なセキュリティインシデントなどが発生した際に、調査や支援を得るベンダーや関係当局などとの連絡先を明確にします。「いつ・誰が・何を・どのように」実施するのかを具体的な内容に定めます。また、定期的にサイバーセキュリティに関しての情報交換を行う外部団体や協議会などがあれば、連絡体制に含めます。

❹テレワーキング

一般的には、テレワークにあたって守るべきルールなどを社内規程やガイドラインにまとめ、その順守を徹底します。特に新型コロナウイルスの感染拡大からは、テレワークに伴うセキュリティリスクが増加しているためです。

組織的対策のイメージ

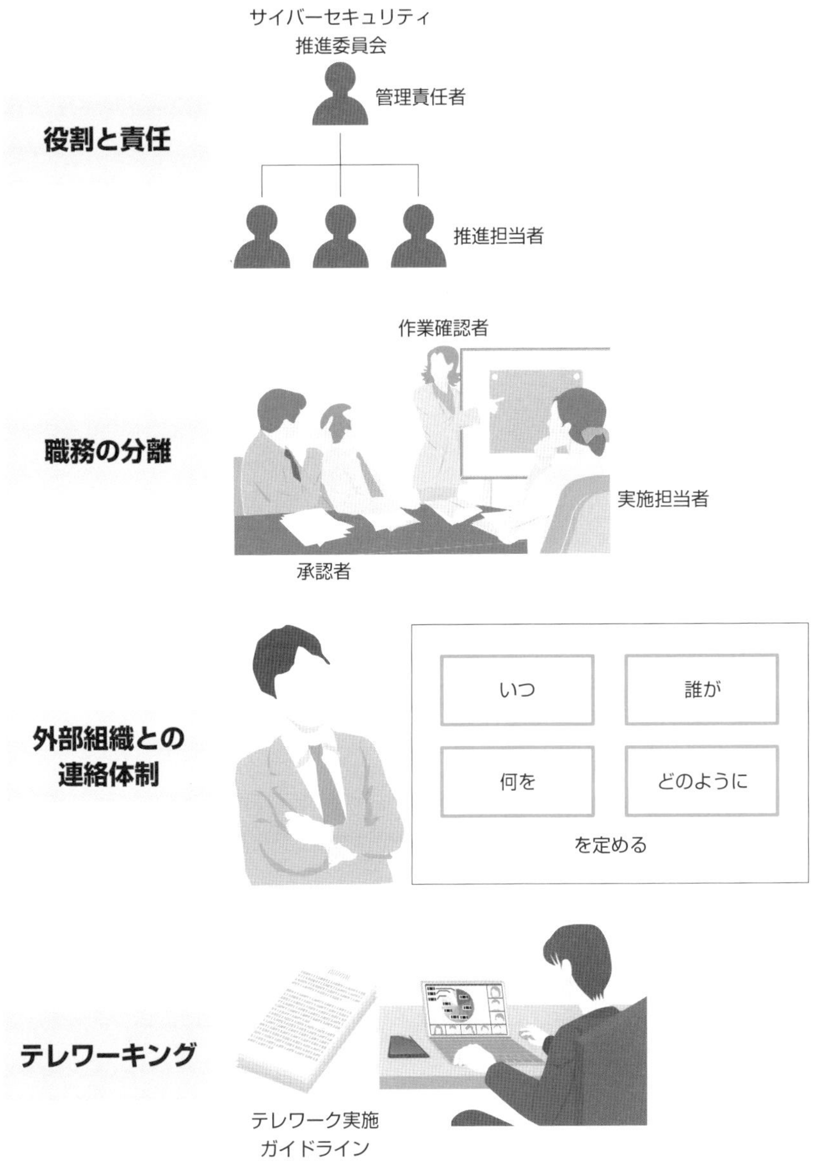
サイバーセキュリティ
推進委員会
管理責任者
役割と責任
推進担当者
作業確認者
職務の分離
実施担当者
承認者
外部組織との
連絡体制
いつ
誰が
何を
どのように
を定める
テレワーキング
テレワーク実施
ガイドライン

5-6

人的対策

対策が難しい「人」への対応。一般的にどのようなことを実施するのでしょうか？

まず考えられるのが従業員に対する教育です。近年では、標的型攻撃メールの訓練実施も増えています。

人的対策とは

人的対策の難しさは、すでに何度も説明してきました。基本的な対策としては、秘密保持契約書などによる牽制と、教育による順守の徹底です。

ここでは、次の３つの側面から説明します。

❶雇用前

雇用契約時のセキュリティ要件を明確にしておきます。具体的には、守秘義務誓約書などに守るべき順守事項を記載して理解を求めます。また、秘密保持に関する義務違反があった際には、就業規則などによる罰則規定の適用も必要です。

❷雇用期間中

経営層は、自社のサイバーセキュリティに関する基本方針をコミットメントするとともに、管理層へ必要な役割と責任を与えます（権限委譲する）。また、サイバーセキュリティを推進するために、要員の確保や予算の手当てを行います。

従業員に対しては、各種対策ルールの順守やセキュリティ意識向上のために、教育訓練の計画と実施を行います。近年では、うっかり怪しいメールを開かないように定期的に標的型攻撃メールの訓練を実施する企業も増えています。

❸雇用の終了および変更

一般的には、退職時の情報持ち出しなどを抑止するために、退職後の秘密保持に関する誓約書を用いることが多いです。また、部門間での取り扱いが機密となる情報がある場合には、異動時における対応も必要です。

人的対策のイメージ

魔が差さないように牽制

牽制

秘密保持誓約書

定期的な教育

各種ルールの順守徹底
セキュリティ意識の向上む

標的型攻撃メール訓練

開封率の確認など

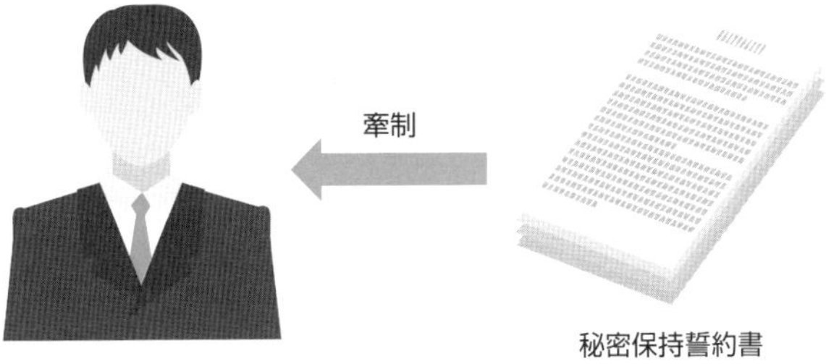

5-7 技術的対策

技術的対策は、サイバーセキュリティ対策には欠かせません。マルウェア対策や脆弱性管理など多くの対策が挙げられます。ここでそのすべてを取り上げるのは難しいため、重要な対策に限定して説明します。

技術的対策とは

サイバーセキュリティ対策といえば**技術的対策**。皆さんも多くの対策がイメージできるのではないでしょうか。対策の種類と数が多いため、ここでは次の２つに絞って説明します。

❶マルウェア対策

パソコンなどにマルウェア対策ソフトをインストールし、マルウェアの特徴を定義した**シグネチャファイル***を最新にアップデートして動作させます。シグネチャにマッチしたマルウェアを検知すると、そのプログラムファイルを隔離します。

また、第３章で少し説明した次世代型のマルウェア対策ソフトとも呼ばれるEDRを併用することも多くなっています。パソコンのログや通信の状況を監視し、シグネチャでは検知できない未知のマルウェアなどによるサイバー攻撃の阻止に有効だといわれています。

❷脆弱性管理

利用しているOSやアプリケーションソフトの脆弱性情報をいち早く入手し、セキュリティパッチを適用することです。最新のWindows OSであれば、デフォルトで自動更新する設定になっています。

ただし、一部のサーバーなどではシステムを動作検証してから手動で更新する必要があったり、システムの動作に影響を及ぼすことからアップデートができなかったりします。ですので、どのように脆弱性を管理すべきか、対象機器に応じた更新方法などを明確にしておくことが重要です。

***シグネチャファイル**　特定のマルウェアだけに含まれるデータの断片や、攻撃者の特徴などをデータベース化したファイルのこと。

マルウェア対策ソフトとEDRの併用

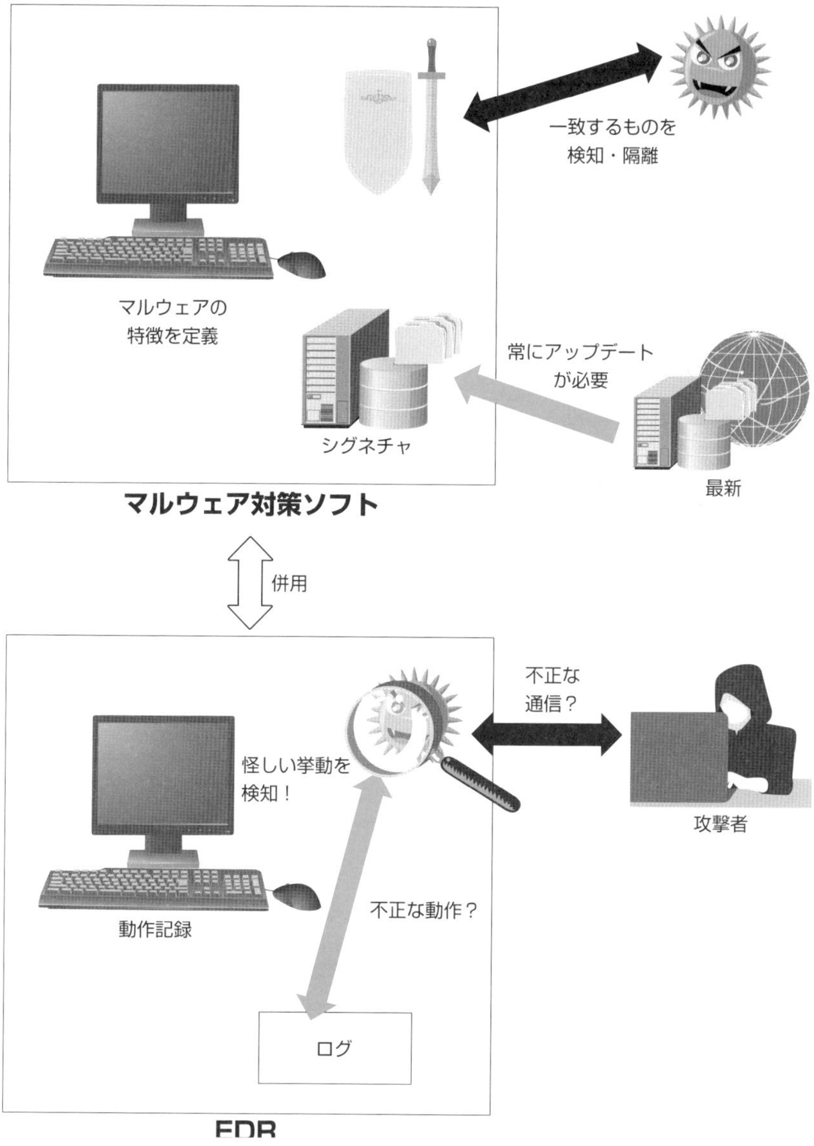

5-8

物理的対策

身近な物理的対策として、オフィスの入口でICカードをタッチする入退室管理システムが挙げられます。想定されるリスクに応じて、オフィス内の制限区画を分けることが重要です。

物理的対策とは

ここでは**物理的対策**で実施していることが多い、次の４つを説明します。

❶物理的セキュリティ境界

サーバー室など限られた要員が作業する特別な制限区画や、社内関係者が執務を行う通常の制限区画、来訪者の受付などを行うオープンな区画などに分けて、オフィス内を管理します。

❷物理的入退管理

オフィスの制限区画の出入口にて、関係者だけが入れるよう入室を制限します。ICカードなどを用いた入退室管理システムにて、自動でドアの開錠を行うのが一般的です。

❸環境脅威からの保護

コンピュータ機器などを地震や火災、水害、悪意のある操作などから守るための対策です。たとえば、サーバー室の耐震スタビライザー*を付けたラックにサーバーを収納・施錠し、すぐそばに電子機器用の消火器を常備するなどです。

❹接続の保護

LANケーブルを傍受や妨害、損傷から守るために、床下やプロテクタモール*を使って敷設します。また、ネットワークスイッチの空きポートやパソコン機器の不要なUSBポートを保護キャップで塞ぐなどの対策を実施します。

＊**スタビライザー**　機器の傾き量を減らし、安定させる効果を持つ部品のこと。
＊**プロテクタモール**　LANケーブルを床上に配線する際に使用する保護カバーのこと。

物理的セキュリティ境界と入退管理

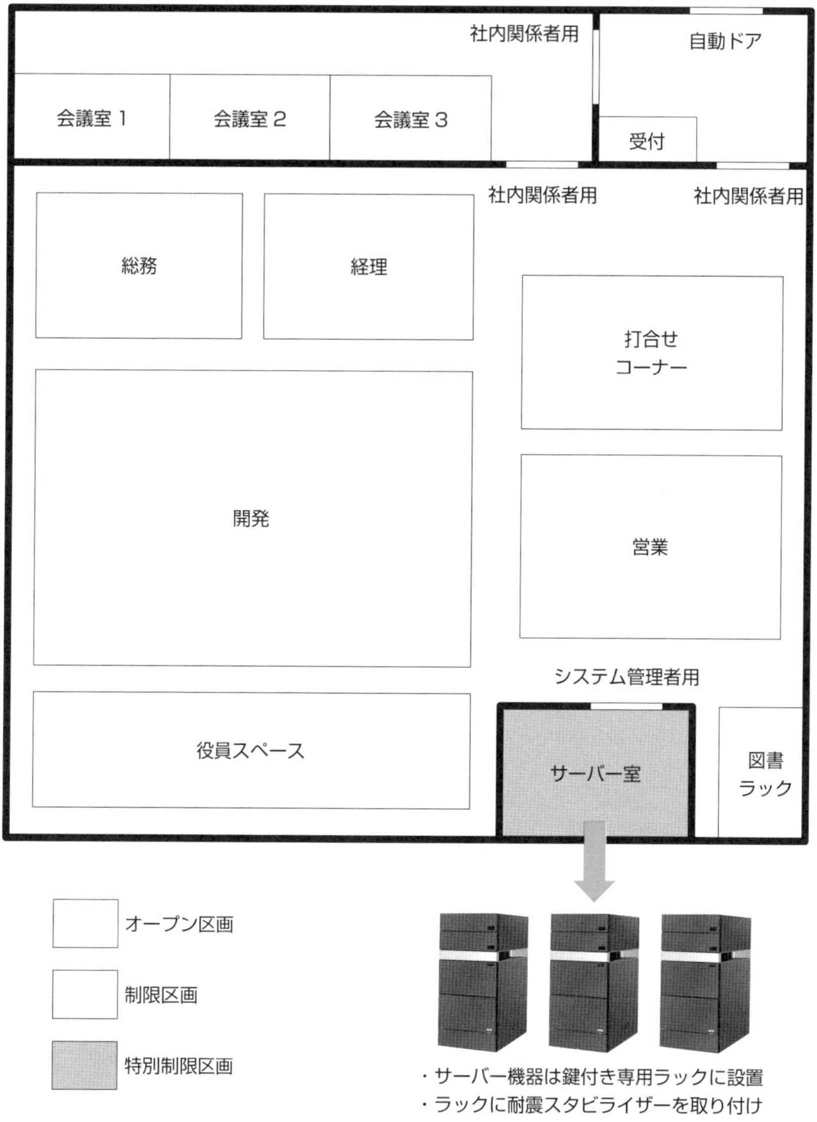

5-9 情報資産の管理

サイバー攻撃の脅威から守るべき対象に何があるのでしょう？　それを明確にするのが情報資産の管理です。重要な情報資産を守るためには、その特定と分類から対策がスタートします。

情報資産とは

情報資産の管理というと、現物や現品管理のイメージがするかもしれません。はたして、そのようなことがセキュリティ対策になるのでしょうか？

対策の１つは、まず会社の情報資産として「重要なものに何があるのか」を特定することです。資産のすべてがマル秘なわけではないでしょうから、しっかり守らなければならない機器やデータなどを明確にします。

一般的に情報資産には、ハードウェア、ソフトウェア、ドキュメント類（紙資料・電子データ）が含まれます。近年では、物理的なサーバー機器からクラウドサービスへの移行などが進んでいるため、利用サービスも情報資産に含めて管理することがあります。

そして、「誰がそれを利用できるのか」という許容範囲を決めるとともに、管理責任者を明確にします。たとえば、サーバー機器類は「情報システム部門」を利用の許容範囲にし、管理責任者は「情報システム部長」とします。また、財務諸表に関わるチューブファイル*は「経理部門」が利用の許容範囲で、管理責任者を「経理部長」とするなどです。

情報の分類

情報資産が特定できたら、それを分類します。たとえば、社外秘や部外秘などの決められたレベルに該当するかの評価です。ドキュメント類については、文書管理規程などにより、取り扱いのレベルが定められていると思います。資産の重要性については、それぞれ機密性・完全性・可用性の高さをもとに、３段階（A・B・C）程度のレベルで評価することがあります。

＊**チューブファイル**　チューブ状の止め金具によって大量の書類を整理・収納できるファイルのこと。

情報資産の管理イメージ

情報資産管理表（サンプル）

管理番号	資産グループ	機密性	完全性	可用性	重要性	保管場所等	利用の許容範囲	管理責任者
1	基幹システムサーバー機器（一式）	1	3	3	A	サーバー室	情報システム部門	情報システム部長
2	基幹システムデータ（データベース等）	3	3	3	A	基幹システムサーバーのディスクドライブ	情報システム部門	情報システム部長
3	各部門ファイルサーバー機器（一式）	1	3	3	A	サーバー室	情報システム部門	情報システム部長
4	各部門ファイルデータ	3	3	3	A	各部門ファイルサーバーのディスクドライブ	各利用部門	各部門長
5	財務諸表に関する資料	3	3	2	A	図書ラック（鍵付きのキャビネット）	経理部門	経理部長
6	顧客管理クラウドサービス	3	3	2	A	○○クラウドサービス	営業部門	営業部長
7	業務用ノートパソコン	2	2	2	B	各従業員	各従業員	各部門長
8	基幹ネットワークスイッチ	1	3	3	A	サーバー室	情報システム部門	情報システム部長
9	無線 LAN アクセスポイント	2	2	2	B	事務所内	情報システム部門	情報システム部長
10	会議用ディスプレイ	1	2	2	C	各会議室	各従業員	情報システム部長

3 が 2 項目以上ある	重要性 A
上記以外で 3 項目すべてが 2 以上	重要性 B
上記以外	重要性 C

5-10 システムへの対応

情報システムでは、マルウェア対策や脆弱性管理に加えて、システムそのものの開発や改修、バックアップ、増加するクラウドサービス利用などに関して対策が必要です。

システムの開発・保守

新規の情報システムの開発や既存の情報システムの改修などに伴い、**セキュリティ対策**の検討が必要です。独自システムのスクラッチ開発*では、セキュアコーディングを含めたセキュリティ開発のための方針やルールを策定します。

システムの改修では、変更管理システムの仕組みを整備し、修正内容がほかの機能やプログラムなどに影響しないよう管理します。システムの開発環境や試験環境は、本番環境と分離して運用の妨げにならないように整備します。

また、一般的に情報システムの開発や保守では、社外リソースの活用（外部ベンダーへの業務委託）が少なくありません。委託先との秘密保持契約や業務委託契約には、必要なセキュリティ要件を含めます。再委託先についても、同様な要件を求めるのが望ましいです。

利用が増えるクラウドサービスでは、クラウドサービスの利用規程などを定めて、セキュリティ面で信頼できるサービスベンダーとの契約を進めます。

情報のバックアップ

情報システムのデータなどを「どのような周期で」「どういった手段を使って」**バックアップ***するのか、その方法を定めて実施します。近年では、ネットワークディスク*にバックアップを取ることが多くなっていますが、ランサムウェアの感染ではバックアップにまで被害が及ぶ可能性もあるため注意が必要です。

運用を止めることができない可用性の高いシステムでは、冗長化*の仕組み（2重化構成など）を検討します。BCPの面から、災害などの影響を少なくするため、遠隔地にバックアップサイトを設けることもあります。

＊**スクラッチ開発**　初期段階からオリジナルで開発すること。
＊**バックアップ**　不測の事態に備えて、データのコピーを別のハードディスクなどに保存すること。

本番環境とテスト環境の分離

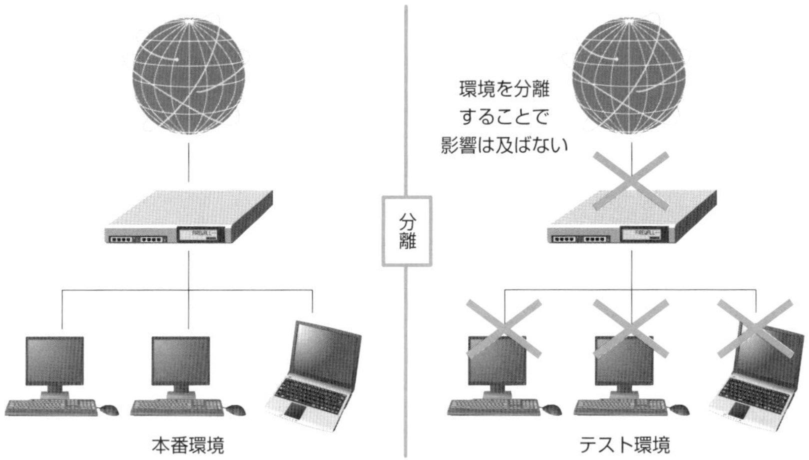

バックアップへの対策

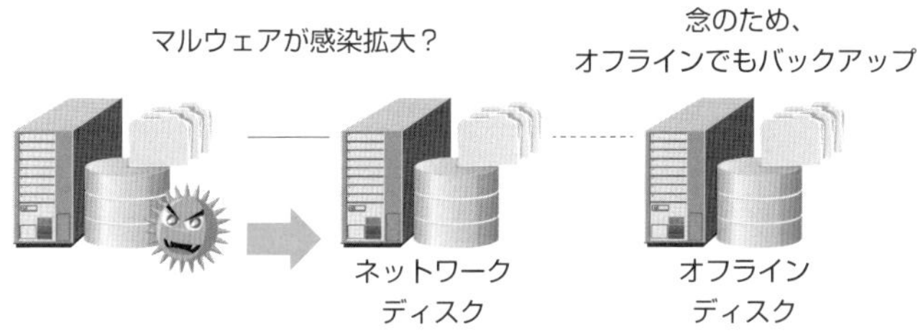

BCP 発動による運用サイトの切り替え

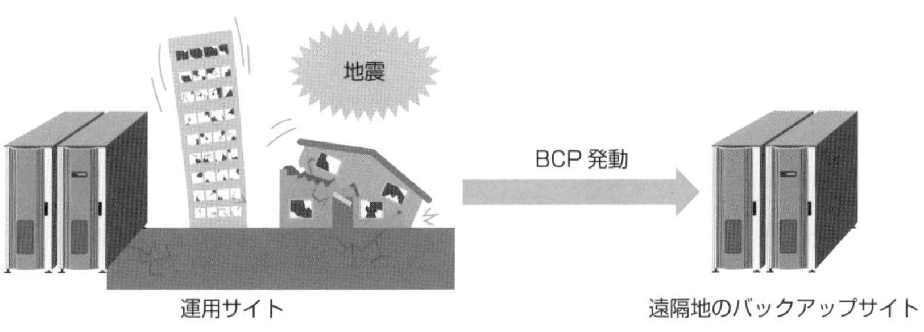

＊**ネットワークディスク**　LAN 接続タイプのハードディスクのこと。Network Attached Storage の略で、NAS（ナス）とも呼ばれる。

＊**冗長化**　障害が発生した場合に備えて、予備のシステムなどを平常時から運用しておくこと。

5-11

ネットワークへの対応

セキュリティ対策の要となるのがネットワークへの対応です。セキュリティインシデントの被害は、ネットワークを経由して広がります。ネットワークを適切に管理することがとても重要です。

ネットワークに関わる対策

ネットワークの対策として、中心になるのはファイアウォール*の設置などによる技術的対策です。無線LANのアクセスポイントや、VPNなどのリモート接続のネットワーク機器に対する認証、アクセス制御、フィルタリング*の設定などの対策も同様です。ここでは、それ以外で重要となる次の２点を説明します。

❶ネットワークの管理

ネットワークの管理というと、漠然としていて何をすべきかよくわからないと思います。具体的には、ネットワーク図を整備することで、現状のネットワーク構成が適切に把握できるようにします。どこにどんな機器を接続しているのか、最新の図面を維持管理することが重要です。

たとえば、セキュリティインシデントが発生した際に、ネットワーク経由での影響範囲の確認や、被害の拡大を抑えるための切り離し箇所を判断するなど、インシデントの初期対応に欠かせません。

❷ネットワークの分割

ネットワークをどのようにセグメント化*するのかを、設計標準*などの分割の方針を定めて（同じローカルの範囲で）実装します。ネットワークの分割は、ネットワークのトラフィックを分散するとともに、ほかのセグメントへセキュリティインシデントの影響が広がるのを防ぎます。

ネットワークを分割した接点（境界）には、ファイアウォールやセキュリティスイッチなどを設置し、不要な通信データをフィルタリングします。

＊**ファイアウォール**　社内ネットワークに侵入しようとする外部からの不正アクセスや、社内ネットワークから外部への許可されていない通信を防御するための仕組み。ファイアウォール（Firewall）は「防火壁」の意。

ネットワーク構成図のイメージ

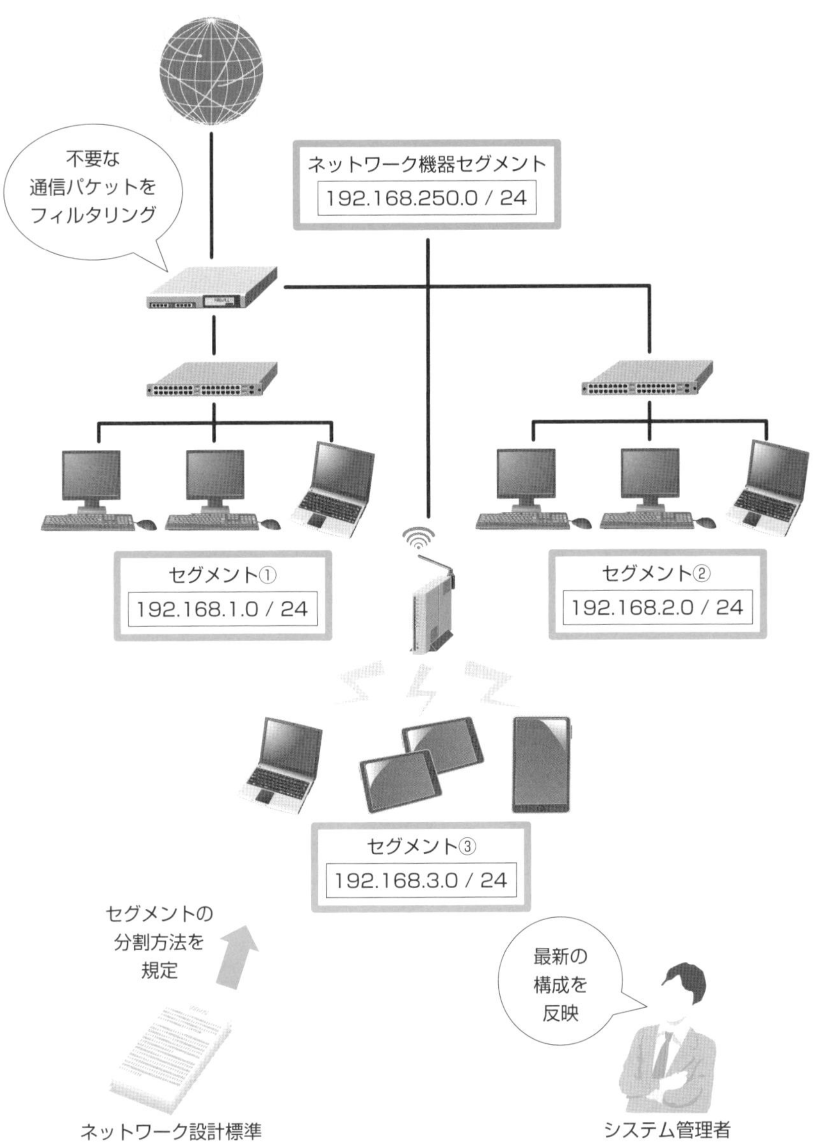

＊**フィルタリング**　不適切なサイトへのアクセスを制限・遮断すること。

＊**セグメント化**　一定の条件で対象をグループ分けすること。

＊**設計標準**　一定の品質を維持でき、合理化や能率化、費用の削減を目的に設計仕様を取り決めておくこと。

5-12

利用者への対応

パソコンや情報システムの利用者に必要なのがユーザーIDです。そのユーザーIDが適切に管理できていないと、いろいろなリスクにつながります。特に特権は、厳密に管理する必要があります。

利用者アクセスの管理

システムなどの利用者への対応として、まず必要なのが**ユーザー ID**を発行することです。利用前にIDを登録して初期パスワードなどを設定し、利用者にその情報を安全に通知します。また、人事異動などによって不要となったIDは削除します。

これら一連のプロセスは、人の設定ミスや内部不正などを防ぐためにも、ワークフロー*などによりシステム的に管理するのが望ましいです。

パスワードの管理

そして、一般的に**パスワードポリシー**と呼ばれる「パスワードの設定ルール」を定めます。必要な文字数や、英文字・数字・記号などを組み合わせた複雑さ、定期的な変更などの条件です。

近年では、変更したパスワードを忘れないようメモするリスクを考慮し、文字数を少し長め（12文字以上など）にして、定期的な変更は原則的に行わないルールも推奨されています。

特権の管理

システム管理者などの特権を持つ利用者のIDは、一般の利用者とは異なる厳密な管理が必要です。専用の**特権ID**を複数人で共有することや、長期間に渡って個人のIDに特権を付与するのは、多くのリスクにつながります。

リスク低減のために、特権ID管理システムといったツールの活用も進んでいます。業務上で特権が必要になった際に申請することで、利用期間などを制限した一時的な特権を付与・管理する仕組みが構築できます。

＊**ワークフロー**　社内の定型業務などの処理の流れを決めておき、その流れに沿って関係者が順々に業務を進めていくシステムもしくはソフトウェアのこと。

ユーザーID発行のイメージ

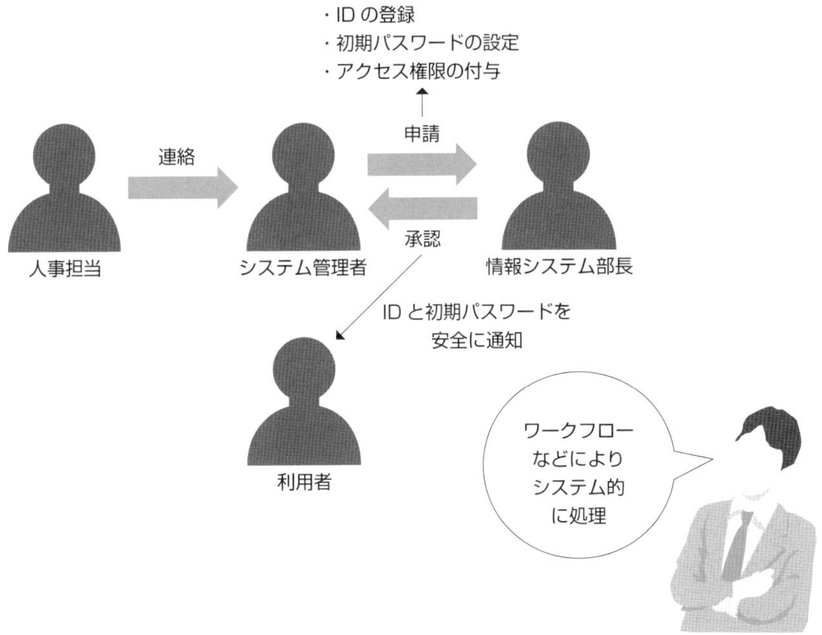

特権付与のイメージ

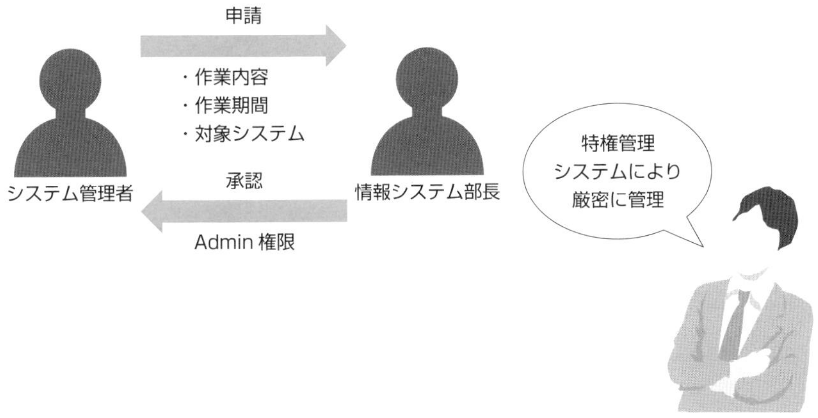

5-13

対策の切り札となる ゼロトラストモデル

テレワークの普及やクラウド活用が進む中で、注目を集めるゼロトラストモデル。従来型の境界防御とは異なり、接続するすべてのネットワークは安全ではないことを前提にしています。

境界防御の危うさ

従来から出張などを含めて社外で仕事をすることはありましたが、主なロケーションはもちろん社内でした。セキュリティ対策では、**境界防御**というネットワークの境界（社内と社外の接点）を強化する方針が取られていました。

境界防御では、「境界の内部（社内）は安全である」ことを前提にしています。よって、サイバー攻撃などで境界が突破されたり、物理的に内部に侵入されたりすると無防備になります。そこが大きな弱点でもあったのです。

また、仕事をする環境は大きく変わってきています。テレワークが日常的に行われ、各種システムはクラウドサービスへと移行が進んでいます。主なロケーションが社内なのか社外なのかわかりません。

ゼロトラストモデルとは

ゼロトラストモデルは、「接続するすべてのネットワークは安全ではない（信頼できない）」ことを前提にした概念です。その上で、接続可能な（信頼できる）システムやサービス、ユーザー、デバイスなどにアクセスを制限します。ゼロトラストモデルでは、エンドツーエンド*を多層防御*で守るとともに、セキュリティ侵害が起こった際の早期検出を重視します。「予防的な対策だけで守るのは難しい」と考え、迅速な事後対応によって被害を最小限に抑えることを目指すのです（次のインシデントレスポンスにて説明）。ネットワークの環境変化で境界の意義がなくなり、従来型の境界防御で守るのが難しくなっています。対策の方向性としては、今後はゼロトラストモデルの流れに進むと考えられます。

---

* **エンドツーエンド**　通信を行う端末同士、あるいは端末を結ぶネットワークのこと。end-to-end の略で、E2E とも呼ばれる。

* **多層防御**　セキュリティを何重にも施し、サイバー攻撃の脅威から情報を守ること。

境界防御とゼロトラストモデルのイメージ

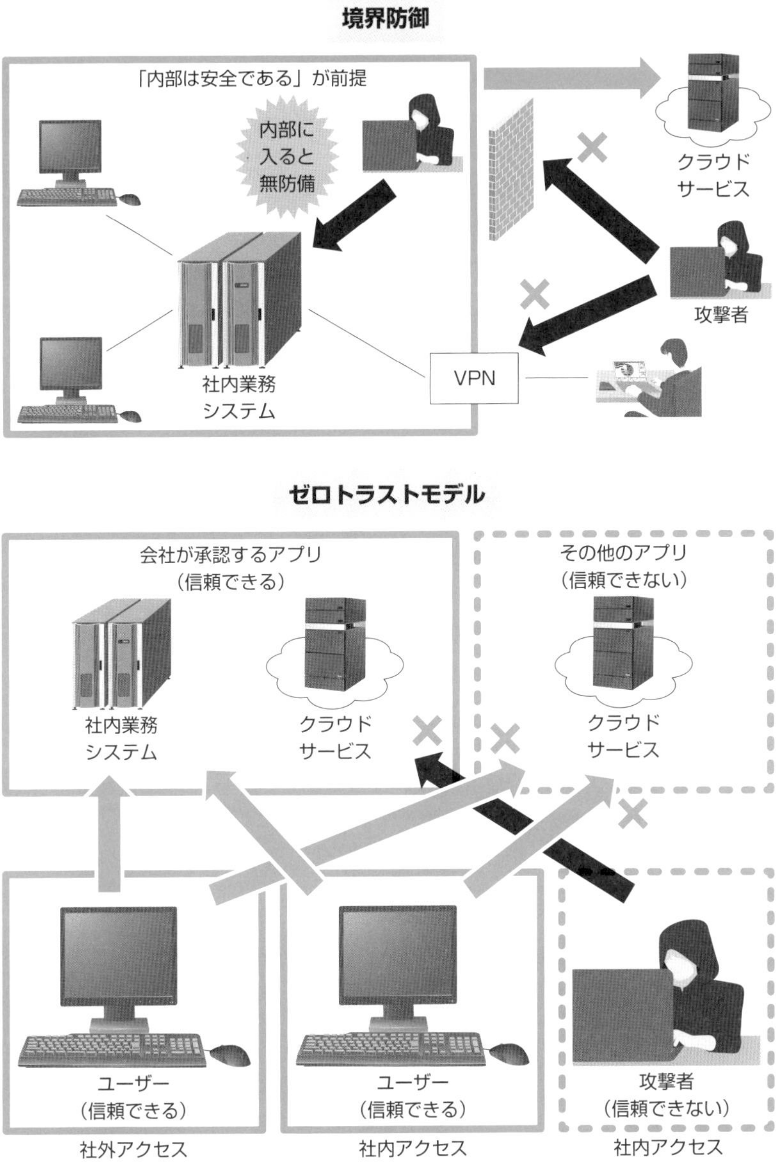

5-14 インシデントレスポンス

セキュリティ環境が大きく変わる中、予防的なセキュリティ対策だけで守るのが難しくなっています。セキュリティインシデントの発生を前提に考え、早期の発見と復旧が重視されています。

インシデントレスポンスとは

インシデントレスポンスは、セキュリティイベント*の発生に対して、適切な対処を行うための仕組みです。たとえば、次のような対応を行います。

❶初期対応

発生したセキュリティイベントを初期調査し、セキュリティインシデント*として対応するかどうかを判断します。また、被害の拡大を防ぐために、初動対応（ネットワークから切り離すことなど）を行います。

❷インシデント対応

有事の対応チームとして「インシデント対応チーム」を立ち上げ、原因調査と復旧対応を行います。複数のインシデントが同時多発している場合には、トリアージ*の判断を行います。規模の大きさなどの被害状況によっては、BCPへとエスカレーションした連携が必要です。

予防対応と事後対応

インシデントレスポンスは、問題などが発生してからの対応となりますので、基本的には事後対応です。先ほどゼロトラストモデルで説明した通り、予防的な対策だけで守るのは難しいと考え、その重要性が高まっています。

ただし、インシデントレスポンスに予防的な側面がないかというと、必ずしもそうではありません。インシデントレスポンスの体制や役割責任、対応手順などの整備や訓練の実施などが、予防対応の位置づけとなります。

---

* **セキュリティイベント**　セキュリティ侵害などの可能性がある事象のこと。
* **セキュリティインシデント**　セキュリティ侵害などが発生したこと。
* **トリアージ**　対応の優先付け。

インシデントレスポンスによる対応

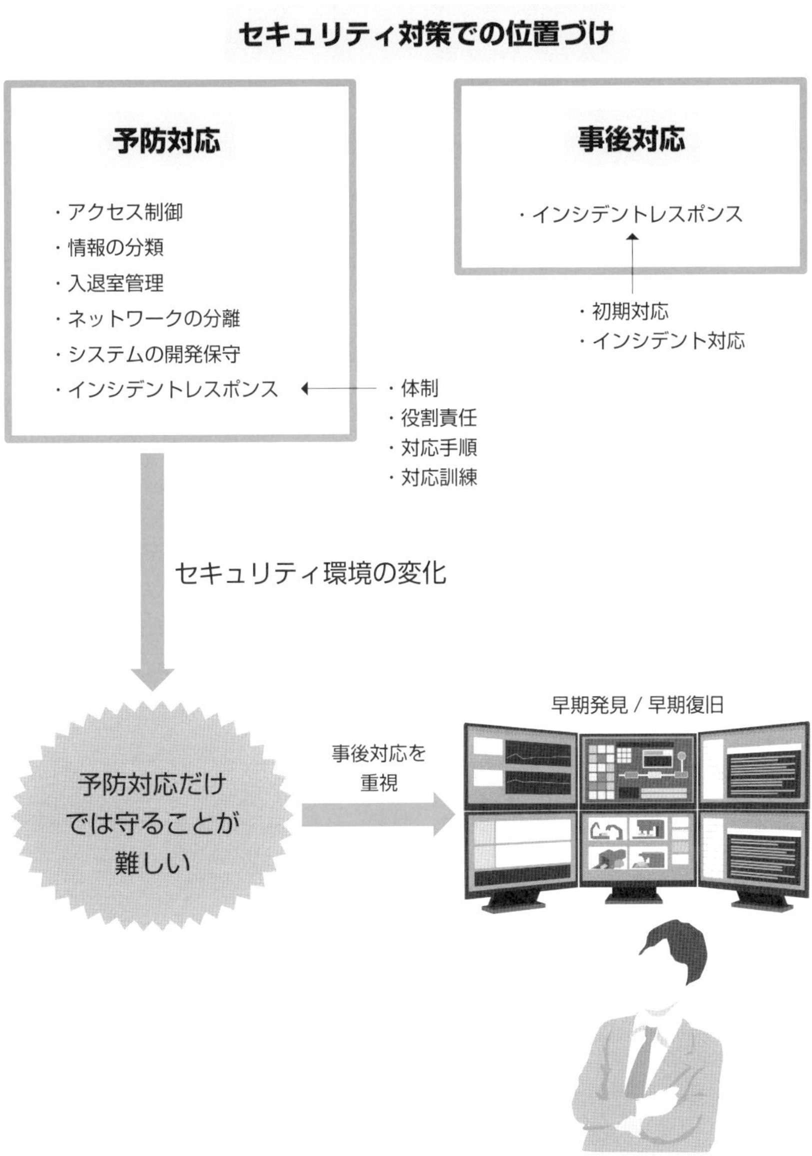

セキュリティ対策での位置づけ
予防対応
・アクセス制御
・情報の分類
・入退室管理
・ネットワークの分離
・システムの開発保守
・インシデントレスポンス
・体制
・役割責任
・対応手順
・対応訓練
事後対応
・インシデントレスポンス
・初期対応
・インシデント対応
セキュリティ環境の変化
予防対応だけでは守ることが難しい
事後対応を重視
早期発見 / 早期復旧

5-15

BCPとの連携

セキュリティインシデントが大規模な災害に拡大し、事業活動に大きな影響を及ぼす緊急事態となればBCPの発動です。その対応は、インシデントレスポンスからBCPへと移行します。

災害からの復旧

BCPについては、すでに第４章の事業継続に関わるリスクの中で説明しました。たとえば、関東地域の強い地震で本社建物が被災した際は、大阪支店に本社機能を移します。一時的に事業活動の操業率を落としながらも、本格復旧に向けた対応を取りながら事業を継続していきます。

この具体的な進め方をBCPとしてまとめ、定期的に避難訓練のようにテストを実施して備えます。この中で、情報システムやネットワークに関する復旧方法を定め、その手順通りに対応ができるかをBCPのテストで確認します。

実際の対応としては、代替サーバーの立ち上げや、広域ネットワークの寸断に備えた衛星通信の利用などが考えられます。ただし、バックアップからリストア*を行うなど、実際には難しいテストもあるはずです。机上でリストア手順を読み合わせて内容を確認するなど、実施可能な範囲でのテストが望まれます。

重要なポイントは

重要なことは、インシデントレスポンスからBCPへエスカレーションした際にうまく連携が取れるかです。インシデントレスポンスから見ると「それはBCPで実施すると考えていた」、BCPでは「インシデントレスポンスで対処しているのを前提にしていた」など、対応の行き違いがないようにします。

そうしたことから、インシデントレスポンスとBCPは一連の訓練としてテストすることが望ましいと言えます。インシデントレスポンスでいち早く被害の発見と復旧をしながら、被害拡大で事業活動への影響が大きくなった際に、BCPの復旧対応へ適切につながることを確認します。

＊**リストア**　バックアップされたデータを使ってシステムやプログラムなどを修復、復元すること。

インシデントレスポンスからBCPへの連携

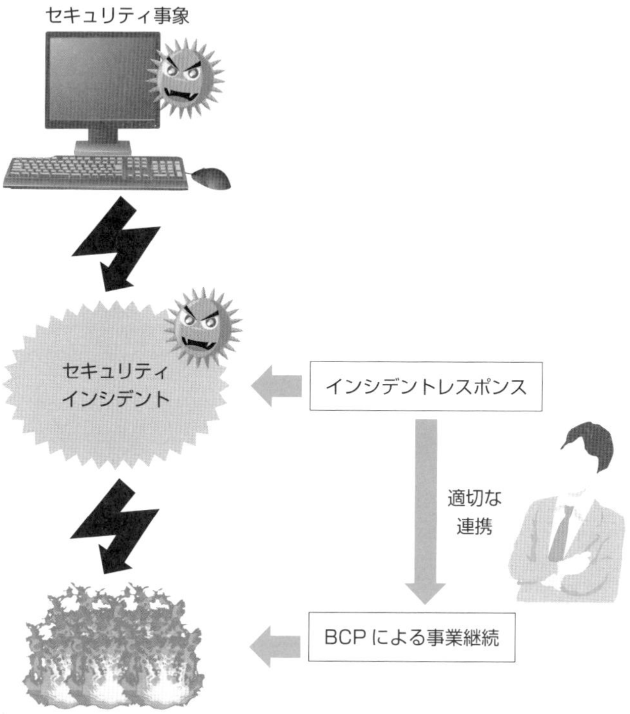

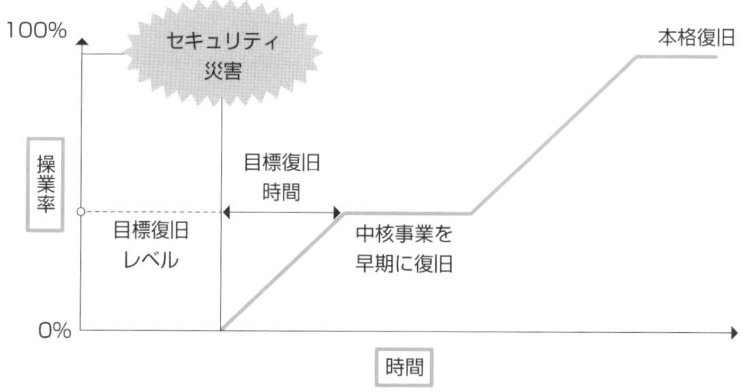

5-16 ペネトレーションテスト

サイバー攻撃を受けた際に、はたして現状のセキュリティ対策で守れるのか不安がよぎります。そこで、実際にサイバー攻撃を試してみるのがペネトレーションテストです。

ペネトレーションテストとは

予防的なセキュリティ対策が実際にどの程度の効果を発揮するのでしょうか？

「サイバー攻撃を受けてみないとわかりません……」では、とても不安です。そこで、「試しにホワイトハッカーに攻撃してもらうことができないの？」といったニーズが出てきます。それに応じるのが**ペネトレーションテスト**です。

外部の専門家などの支援を受け、実際に影響のない範囲でサイバー攻撃を仕掛けてもらい、確認を行います。システムやネットワークの新規導入や大幅な更新時、年に1回などの定期的な周期で試みます。

具体的なテスト方法は

たとえば、インターネットへ接続するネットワーク境界に設置した、ファイアウォールが適切に機能することをテストします。実際にDDoS攻撃を仕掛けて、誤動作やシステムダウンしないことを確認します。もちろんテストにあたっては、日常の業務運用に支障が生じない時間帯などの考慮が必要です。

また、**ポートスキャン**といって、ネットワーク側からサーバーなどの機器へ特定のデータ（通信パケット）を送信し、その応答を確認します。これにより、OSやアプリケーションサービスなどの脆弱性を調べることが可能です。ポートスキャンの結果から、脆弱性につながる通信ポート（サービス）が特定できます。侵入テストツールなどを用いて、そのサービスへ通信パケット（攻撃コード）を送信。脆弱性を悪用した攻撃が成功するかどうかを確認します。

こうしたテストは、実際にハッカーなどがサイバー攻撃で用いる手法と類似していますので、被害の可能性をリアルに把握することが可能です。

ペネトレーションテストのイメージ

ファイアウォールをテスト

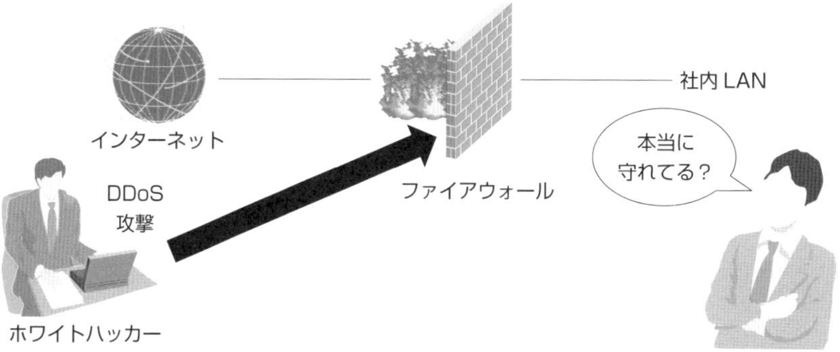

サーバーの脆弱性をテスト

ポートスキャン

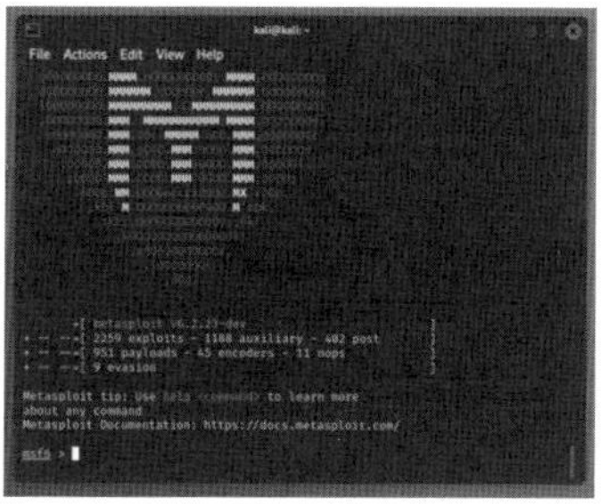

侵入テスト

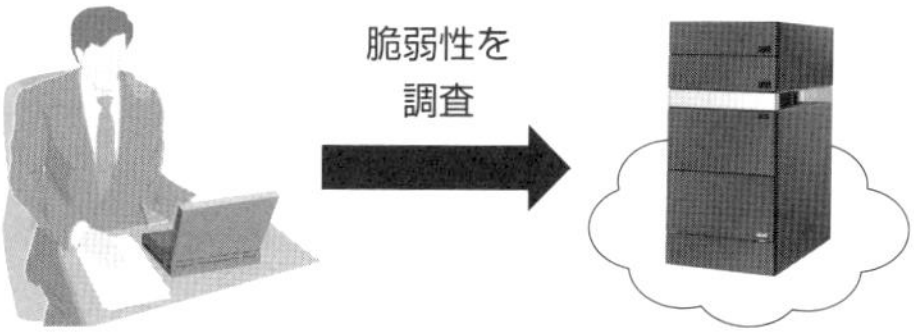

5-17

セキュリティ教育の重要性

セキュリティ対策における人の役割は重要です。人のセキュリティ意識を高めることは、リスクの低減と対策の強化につながるため、計画的なセキュリティ教育の実施が求められます。

セキュリティ教育の計画と実施

すでに人的対策などでいろいろ説明をしてきましたが、人の不注意やミス、内部犯行はセキュリティリスクにつながります。その一方で、対策ルールを適切に守ったり、サイバー攻撃の予兆となる異常に気づいたり、人はセキュリティ対策の要(かなめ)にもなるのです。

そうした人に対するリスクと対策には、**セキュリティ教育**が欠かせません。たとえば、次のような教育が挙げられます。

❶初期教育

新入社員や部署異動で新たに配属された要員に対するセキュリティ教育です。業務上で守るべきセキュリティのルールを説明して理解を深めます。組織におけるそれぞれの役割と責任を認識してもらう必要もあります。

❷自覚教育

セキュリティ対策の重要性について、世の中の動向を踏まえながら、個人のセキュリティ意識を高めます。年1回などの定期的な周期で実施することが望まれます。

❸専門教育

セキュリティ管理を推進する主要メンバーや、技術的セキュリティ対策の運用に携わるエンジニアに対して、外部の研修機関などが提供する専門教育の受講を計画します。また、セキュリティ管理と対策の実施状況をチェックする内部監査人などの育成も必要です。

セキュリティ教育の計画と実施

5-18

脆弱性情報の取得

利用しているソフトウェアの脆弱性に関する情報を、いち早く入手することはとても重要です。その情報からセキュリティパッチを適用することで、サイバー攻撃の脅威から守ることができます。

JVNによる脆弱性対策情報

技術的対策の中で、**脆弱性管理**について説明をしましたが、いち早くソフトウェアの脆弱性に関する情報を入手することはとても重要です。

では、どこから脆弱性情報を入手できるのでしょう？　すでに第３章で説明したJPCERTコーディネーションセンターと情報処理推進機構が共同で管理している**JVN**がその１つです。

JVNのWebサイトへ定期的にアクセスして情報を確認したり、RSSフィード＊をメールソフトに登録して最新情報を受け取ることができます。

脆弱性情報を活かすには

最新の脆弱性情報さえ入手すればいいのかというと、もちろんそうではありません。脆弱性の対象となるソフトウェアの自社利用を適切に把握しておく必要があります。

一般的に情報システム部門では、全社で共通して利用するオフィスソフトなどを所管しています。しかしながら、部門で固有に利用するソフトウェアまで把握しているかというと、必ずしもそうではありません。

情報システム部門により、全社的なソフトウェアの利用を統制するのが望ましいのは確かですが、運用上のルール（申請や報告など）で管理が難しい場合は、IT資産管理ツールなどのソフトウェアの活用が考えられます。

ツールがネットワークに接続されたパソコンやデバイスの情報を自動収集し、利用されている各種ソフトウェア（製品名やバージョンなど）をシステム的に把握できます。

＊ **RSSフィード**　詳しくは、次のWebサイトを参照。「PCERTコーディネーションセンター RSS」（https://www.jpcert.or.jp/rss/）

JVNによる最新の脆弱性情報

出所 https://jvn.jp/

RSSの購読

出所 https://www.jpcert.or.jp/rss/

5-19

国際標準の活用

セキュリティ対策を進めるにあたって、ISO/IEC 27001という情報セキュリティの国際標準を参考にすることが多いと思います。このほかにもISO/IEC 27000ファミリーとして、多くの関連する規格があります。

国際標準とは

国際標準とは、国によって異なる構造や性能、技術などの規格を世界的に統一したものです。国際規格とも呼ばれています。国際標準化団体などが内容を取りまとめ、各国の同意を得たデジュールスタンダード*です。

その国際標準化団体の1つに、ISO（アイエスオー）*の略称で呼ばれる国際標準化機構があります。工業製品・技術・食品安全・農業・医療などの幅広い分野で、約2万の規格を策定しています。

ISO/IEC 27000ファミリー

ISOの規格の中で、情報セキュリティに関するものが**ISO/IEC 27000ファミリー**です。「/IEC」の表記は、国際電気標準会議（IEC*）との共同規格になっているためです。その中でも、ISO/IEC 27001の規格番号である**情報セキュリティマネジメントシステム**は、**ISMS***の名称で広くセキュリティ管理の標準として活用されています。

ISO/IEC 27032とは

27000ファミリーには、サイバーセキュリティのガイダンスとなる**ISO/IEC 27032**があります。

サイバーセキュリティとは、サイバー空間における機密性、完全性、可用性の確保を目指すものであり、その性質は、情報セキュリティ、アプリケーションセキュリティ、ネットワークセキュリティ、インターネットセキュリティに依存し、重要インフラの可用性と信頼性に影響するものだと定めています。

---

* **デジュールスタンダード**　標準化団体によって定められた公式の標準規格のこと。似ている言葉のデファクトスタンダードは、事実上の標準規格。
* **ISO**　International Organization for Standardization の略。

ISO/IEC 27000ファミリー規格の一覧

ISO/IEC 番号	規格内容
ISO/IEC 27000	ISMS 概要及び用語
ISO/IEC 27001	ISMS 要求事項
ISO/IEC 27002	情報セキュリティ管理策の実践のための規範
ISO/IEC 27003	ISMS の手引
ISO/IEC 27004	ISM－監視、測定、分析及び評価の手引
ISO/IEC 27005	情報セキュリティリスクマネジメントに関する指針
ISO/IEC 27006	ISMS 認証機関に対する要求事項
ISO/IEC 27007	ISMS 監査の指針
ISO/IEC TS 27008	IS 管理策の評価 (assessment) のための指針
ISO/IEC 27009	セクター規格への 27001 適用に関する要求事項
ISO/IEC 27010	セクター間及び組織間コミュニケーションのための情報セキュリティマネジメント
ISO/IEC 27011	ISO/IEC 27002 に基づく電気通信組織のための情報セキュリティ管理策の実践の規範
ISO/IEC 27013	ISO/IEC 27001 と ISO/IEC 20000-1 との統合導入についての手引
ISO/IEC 27014	情報セキュリティのガバナンス
ISO/IEC TR 27016	ISM－組織の経済的側面
ISO/IEC 27017	ISO/IEC 27002 に基づくクラウドサービスのための情報セキュリティ管理策の実践の規範
ISO/IEC 27018	パブリッククラウド上の個人情報の保護の実践のための規範
ISO/IEC 27019	エネルギー業界のための情報セキュリティ管理策
ISO/IEC 27021	ISMS 専門家の力量に関する要求事項
ISO/IEC TS 27022	ISMS プロセスに関する手引
ISO/IEC 27031	事業継続のための情報通信技術の準備に関するガイドライン
ISO/IEC 27032	サイバーセキュリティのガイドライン
ISO/IEC 27033	ネットワークセキュリティ　パート 1 ～ 6
ISO/IEC 27034	アプリケーションセキュリティ　パート 1 ～ 7
ISO/IEC 27035	インシデント管理　パート 1 ～ 3
ISO/IEC 27036	供給者との関係　パート 1 ～ 4
ISO/IEC 27037	ディジタル証拠の識別、収集、取得、及び保存に関するガイドライン
ISO/IEC 27038	ディジタルリダクションの仕様
ISO/IEC 27039	侵入検知及び防止システム（IDPS）の選択、導入及び運用
ISO/IEC 27040	記憶媒体のセキュリティ
ISO/IEC 27041	インシデント調査方法の適切性と妥当性を確保するためのガイダンス
ISO/IEC 27042	ディジタル証拠解析と解釈のためのガイドライン
ISO/IEC 27043	インシデント調査の原則とプロセス
ISO/IEC 27050	電子的証拠開示　パート 1 ～ 4
ISO/IEC 27070	仮想化されたルート オブ トラストを確立するための要件
ISO/IEC 27099	公開鍵インフラストラクチャ — 慣行とポリシーの枠組み
ISO/IEC TS 27100	サイバーセキュリティの概要と概念
ISO/IEC 27102	サイバー保険のための ISM 指針
ISO/IEC TR 27103	サイバーセキュリティと ISO 及び IEC 規格

＊ **IEC**　International Electrotechnical Commission の略。
＊ **ISMS**　Information Security Management System の略。

5-20

関連法令の遵守

サイバーセキュリティに関連する法令は数多く存在します。その中でも、土台となるサイバーセキュリティ基本法と、セキュリティ管理と対策に深く関係するものを取り上げます。

サイバーセキュリティ基本法

サイバーセキュリティ基本法は、サイバーセキュリティに関する施策を総合的かつ効率的に推進するため、基本理念や国の責務、サイバーセキュリティ戦略をはじめとする施策の基本事項を定めた法律です。

基本法は、憲法の理念を具体化して個々の法律につなげる重要な役割を持ちます。サイバーセキュリティに関わる法律として、最初に押さえておきたいところです。

サイバーセキュリティ基本法では、基本理念とともに、国や地方公共団体、重要インフラ事業者、その他事業者などの責務を定めています。内閣官房長官を本部長とする**サイバーセキュリティ戦略本部**を創設し、組織的な推進体制の強化を図るものです。

セキュリティに関連する法令

それ以外の情報セキュリティの管理や対策を進める上で深く関係する法令を2つ挙げます。

❶不正競争防止法

不正競争防止法の「営業秘密」として情報を管理することで、秘密情報漏洩などの被害に対して、民事上・刑事上の措置をとることができます。

❷不正アクセス禁止法

不正アクセス行為、それにつながるデータの不正取得や保管、不正アクセスを助長する行為の禁止を目的とした法律です。

サイバーセキュリティ基本法の構成

第 1 章 総則
■目的（第 1 条）
■定義（第 2 条）
■基本理念（第 3 条）
■関係者の責務等（第 4 条～第 9 条）
■法制上の措置等（第 10 条）
■行政組織の整備等（第 11 条）
第 2 章 サイバーセキュリティ戦略
■サイバーセキュリティ戦略（第 12 条）
第 3 章 基本的施策
■国の行政機関等におけるサイバーセキュリティの確保（第 13 条）
■重要インフラ事業者等におけるサイバーセキュリティの確保の促進（第 14 条）
■民間事業者及び教育研究機関等の自発的な取組の促進（第 15 条）
■多様な主体の連携等（第 16 条）
■サイバーセキュリティ協議会（第 17 条）
■犯罪の取締り及び被害の拡大の防止（第 18 条）
■我が国の安全に重大な影響を及ぼすおそれのある事象への対応（第 19 条）
■産業の振興及び国際競争力の強化（第 20 条）
■研究開発の推進等（第 21 条）
■人材の確保等（第 22 条）
■教育及び学習の振興、普及啓発等（第 23 条）
■国際協力の推進等（第 24 条）
第 4 章 サイバーセキュリティ戦略本部
■設置等（第 25 条～第 37 条）
第 5 章 罰則
■罰則（第 38 条）

索引
INDEX

は行

ま行

や行

ら行

わ行

著者プロフィール

福田 敏博（ふくだ としひろ）

株式会社ビジネスアジリティ 代表取締役社長

1965年、山口県宇部市生まれ。JT（日本たばこ産業株式会社）に入社し、たばこ工場の制御システム開発に携わった後、ジェイティ エンジニアリング株式会社へ出向。幅広い業種・業態での産業制御システム構築を手がけ、2014年からはOTのセキュリティコンサルティングで第一人者として活動する。2021年4月に株式会社ビジネスアジリティを設立し、代表取締役として独立。技術士（経営工学）、中小企業診断士、情報処理安全確保支援士、公認システム監査人など、30種以上の資格を所有。

主な著書に、『図解入門ビジネス 工場・プラントのサイバー攻撃への対策と課題がよ～くわかる本』（秀和システム）、『現場で役立つOTの仕組みとセキュリティ 演習で学ぶ！ わかる！ リスク分析と対策』（翔泳社）などがある。

●作図 ： 株式会社明昌堂

図解入門 よくわかる 最新
サイバーセキュリティ対策の基本

発行日 2023年 2月22日 第1版第1刷
2023年 7月14日 第1版第2刷

著 者 福田 敏博

発行者 斉藤 和邦
発行所 株式会社 秀和システム
〒135-0016
東京都江東区東陽2-4-2 新宮ビル2F
Tel 03-6264-3105（販売） Fax 03-6264-3094
印刷所 三松堂印刷株式会社 Printed in Japan

ISBN978-4-7980-6820-6 C3055